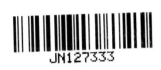

長く乗り続けるための

クルマ
運転テクニック
図解

NPO法人
高齢者安全運転支援研究会
監修

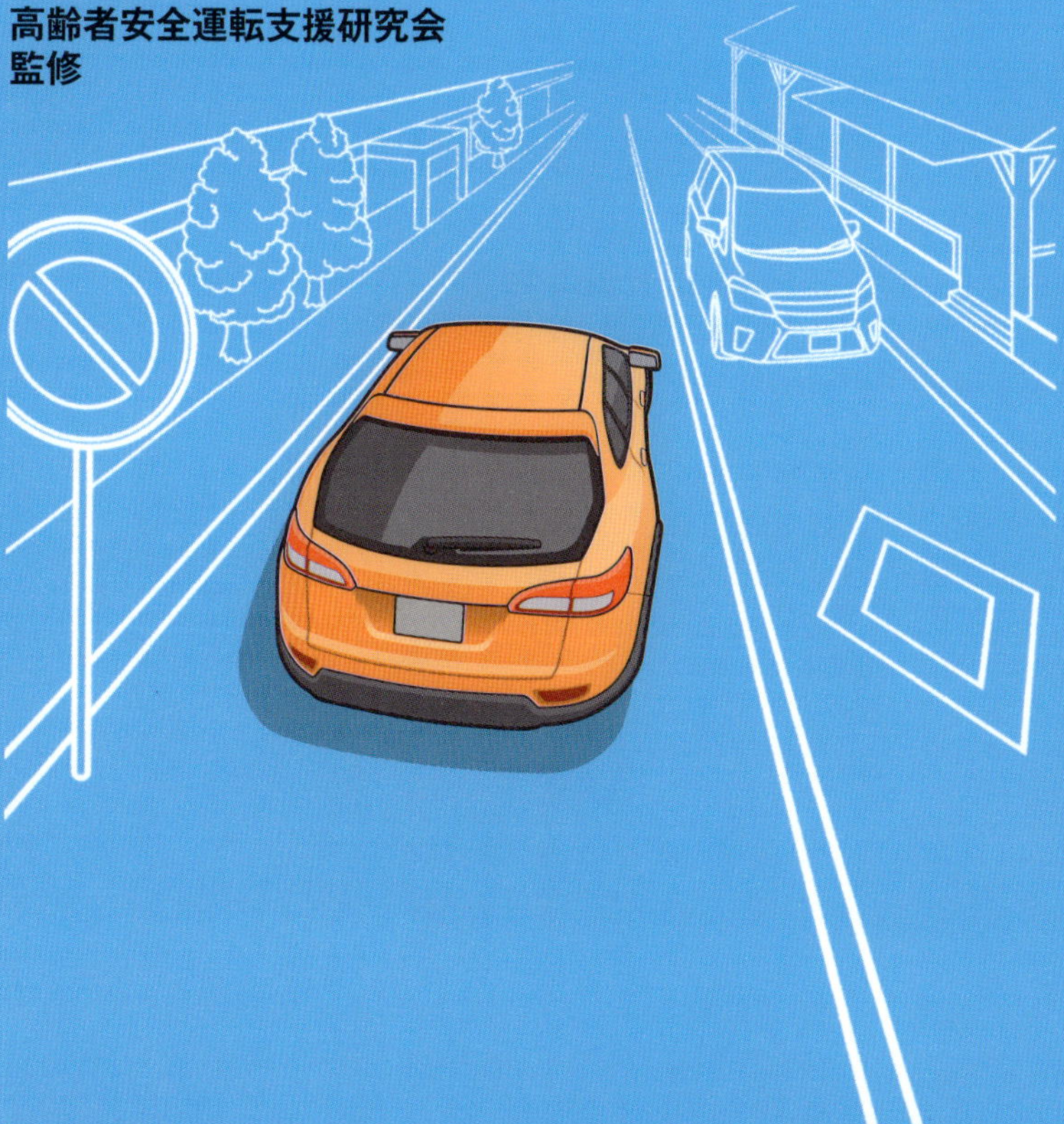

大泉書店

目次

はじめに……6
車の各部名称をおさらい……8

1章 ベテランドライバーと交通安全

年々延びる運転寿命……10
今から実践！ 安全運転のコツ……12
自分でチェック！ 運転の弱点チェック30……14
年齢で変わる！ 運転免許の更新方法……16
違反をした場合、免許はどうなる？……18
認知機能検査とはどんな検査？……20
運転に影響する身体の変化を自覚する……22

COLUMN 1
自分を守るシルバーマーク……26

2章 ベテランドライバーのための基本運転術

安全チェック・防犯チェックを忘れずに！……28
安全な運転姿勢を再確認……30
周囲の死角を意識……32
正しい車両感覚を意識……36
車間距離に気をつける……38
スムーズな車線変更とは？……40
とくに注意したい夜間・夕暮れ時の運転……44

雨天時の注意点……46
交差点を安全に通過するために……48
横断歩道と踏切の渡り方……52
苦手な駐車を克服する……54
気をつけたい長年のクセ……62
よく見かける標識・標示を再確認……64
危険を予測して事故を防ぐ……68
ほかの車への対応……72
運転寿命を延ばす補償運転……74
COLUMN 2
自分の知識をアップデートしよう……76

3章 運転を安全に楽しむためのテクニック

ロングドライブを楽しむ心得……78
高速道路を安全に走るために……80
車間距離に注意！トンネル走行……88
危険がいっぱいの山道攻略法……90
悪天候のなか、安全にドライブするには？……94
子どもやペットとドライブする場合……96
友人を乗せるなど多人数の場合……98
ベテランだからこそ気をつけたいマナー……100
COLUMN 3
運転中パニックにならないために……102

4章 気をつけたいトラブルと対処法

他の車にあおられた……104
狭い道で対向車が来てしまった……106
一方通行の道に進入してしまった……107
行き止まりに入ってしまった……108
交差点で渋滞してしまった……109
パンクしてしまった……110
事故を起こしてしまった……112
緊急車両が接近してきた……113
ケガ人が出てしまった……114
走行中に地震が起きた……118
異音や異臭を感じた……120
バッテリーが上がってしまった……121
路上や踏切で止まってしまった……122
タイヤがはまってしまった……123
そのほかのトラブル対処法……124
ベテランだからこそ気をつけたい事故例……126
COLUMN 4 事故を起こしやすい性格……130

5章 安心安全をサポートするために

日常しておくメンテナンス……132
年に一度の欠かせない点検……134
ベテラン世代におすすめの車とは？……136
ぜひ利用したいお役立ちグッズ……140
車に関する保険の種類……142
MCIと認知症はどう違うのか？……144
脳を活性化する生活のコツ……146
高齢運転者として心得ておくこと……148

COLUMN 5
道交法はどう変わった？……150

巻末付録 免許返納について

免許返納のタイミングはいつ？……154
運転経歴証明書とは？……156
おわりに……159

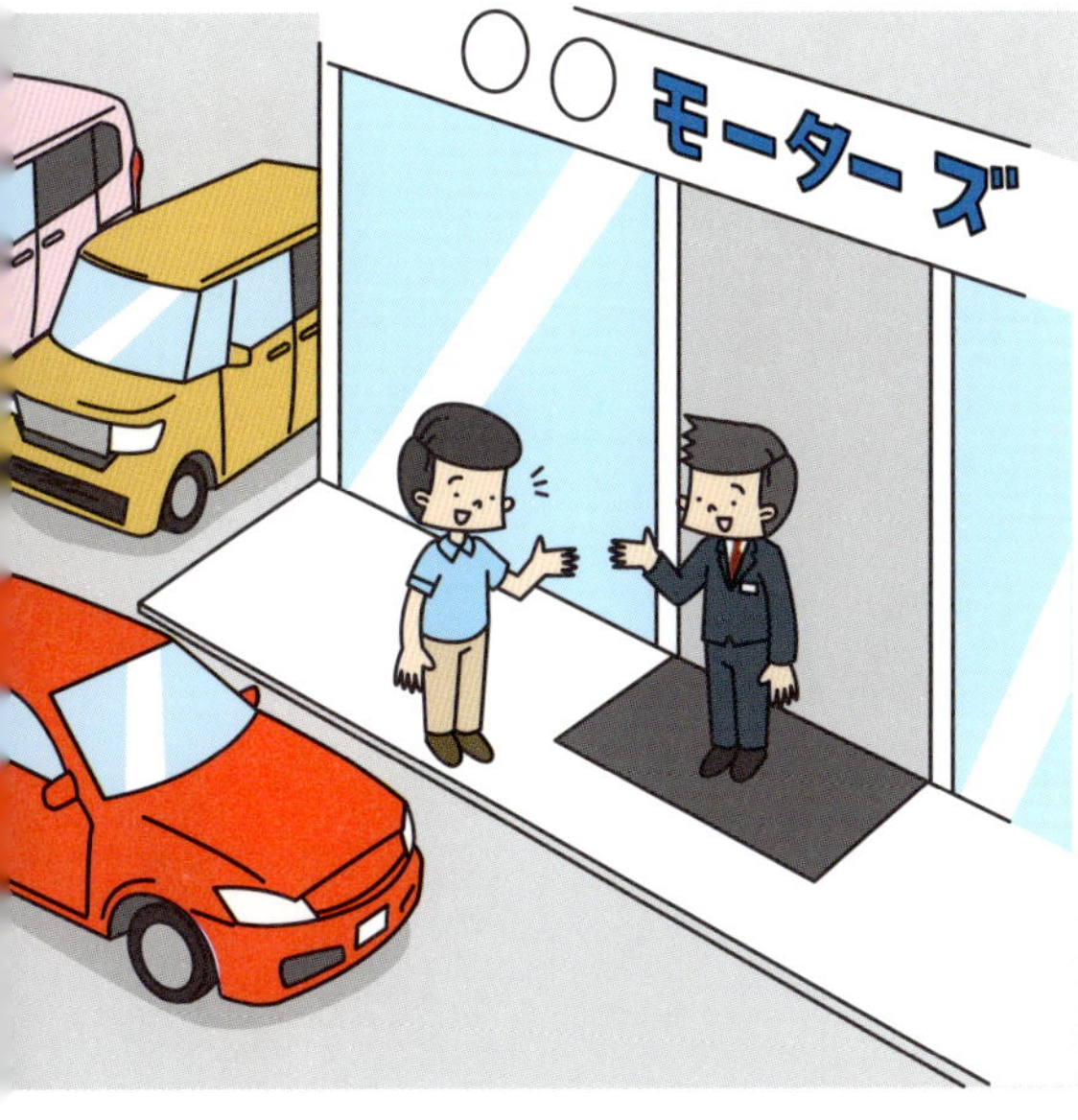

はじめに

免許を取ってから何十年、という世代の事故や運転が昨今話題ですが、みなさんは運転を始めて何年目になるでしょうか？　高齢化が進む中、当然ベテラン世代の運転者も年々増え続けています。認知機能が低下する世代が増えるということで、対策も必要になってきているのです。高齢者の事故の報道などを見ていると、このまま車に乗り続けていいのか、乗るのをやめようかと迷っている人もいるかもしれません。

２０１７年３月に道路交通法が改正されて、高齢者の免許更新などの仕組みが一部変更になりました。厳しくなったと感じるかと思いますが、これは更新できればドライバーとして資格があると認められたということ。自信を持って運転したいものです。

ただ、高齢者にある種の事故が多いのも事実です。認知機能が低下する世代は、より一層、安全運転に注意が必要となります。ベテランドライバーが注意したいのは、長年乗ってきたという事実から自分の運転を過信してしまうことです。実際、教習を受けてから早何年、安全からかけ離れた運転をしている人も少なくないのです。自分で自分の運転を客観的に見るのは難しいかもしれません。そのため、この本で運転の基本をしっかりおさらいし、弱点や問題点を洗い出しましょう。

自由な時間が増え、友人や家族と遠出のドライブを楽しみたいという人、まだまだ生活の必需品として、車を活用したい人も多いはずです。そんな中で、昨今は「免許返納」という言葉をよく耳にすると思います。運転に対して慎重になることは悪いことではありません。しかし、必要以上に敬遠してしまったり、交通ルールを守らずマイルールの運転を続けてしまうと、楽しみや生活の足を自ら奪ってしまうことになります。運転寿命を延ばすため、ぜひこの本をそばに置いて活用してください。

車の各部名称をおさらい

本書に入る前に、車の各パーツ名称をおさらいしておきましょう。
本書は右ハンドルの車を基準に解説しています。
また、本書で解説している道路交通法などは2018年現在のものです。

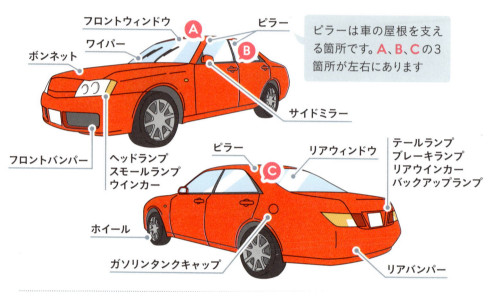

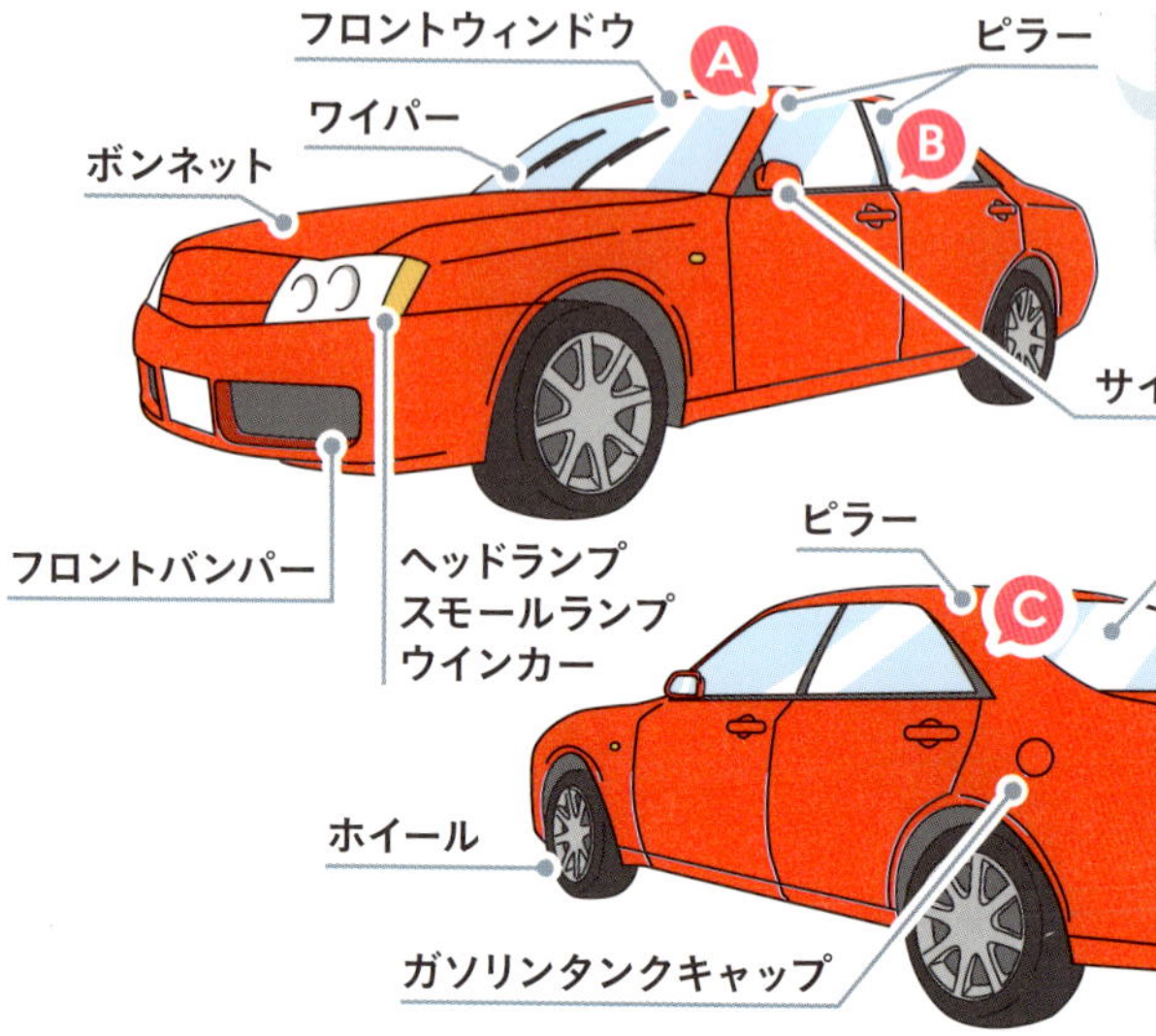

ピラーは車の屋根を支える箇所です。A、B、Cの3箇所が左右にあります

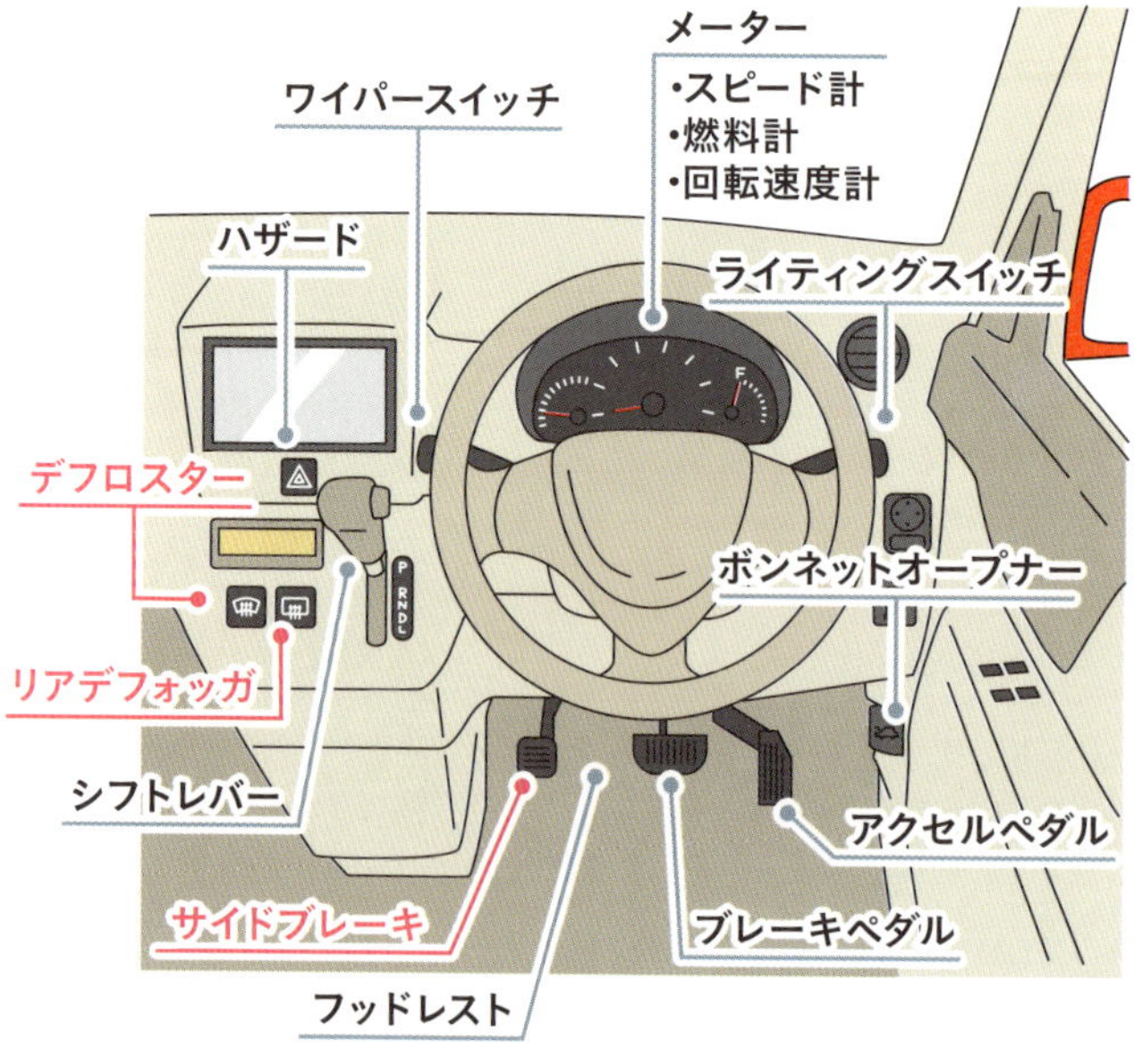

【 デフロスター 】

除湿機能のスイッチ。窓の内側が曇ったときに使用します。

【 リアデフォッガ 】

リアウィンドウの曇りや水滴を取り除くときに使用します。

【 サイドブレーキ 】

イラストは足踏み式のもの。ほかにレバー式、ボタン式などがあります。

名称や場所は車種によって異なります

1章

ベテランドライバーと交通安全

生活の足だったり、人生の楽しみだったり……

車とのつき合い方は人それぞれ。

でも少しでも長く乗っていたいですよね。

この章では、長く車を運転するために注意すること、

注意した方が良いことをご紹介します。

年々延びる運転寿命

実は微減している交通事故数

運転ミスや事故、認知症など、高齢ドライバー問題について大きな関心が集まっています。

しかし、ベテラン世代はまだまだ活動的で、自由な時間でドライブを楽しみたい人も多いでしょう。そんな世代が今後も長く安全に運転するためにできることは何でしょうか？

運転は認知・判断・操作の3つの要素で構成されます。しかし、**それらの能力が低下するのがベテラン世代。**機能の低下を予防する、脳を活性化する生活を送ることが重要です。

交通事故の死者数の推移

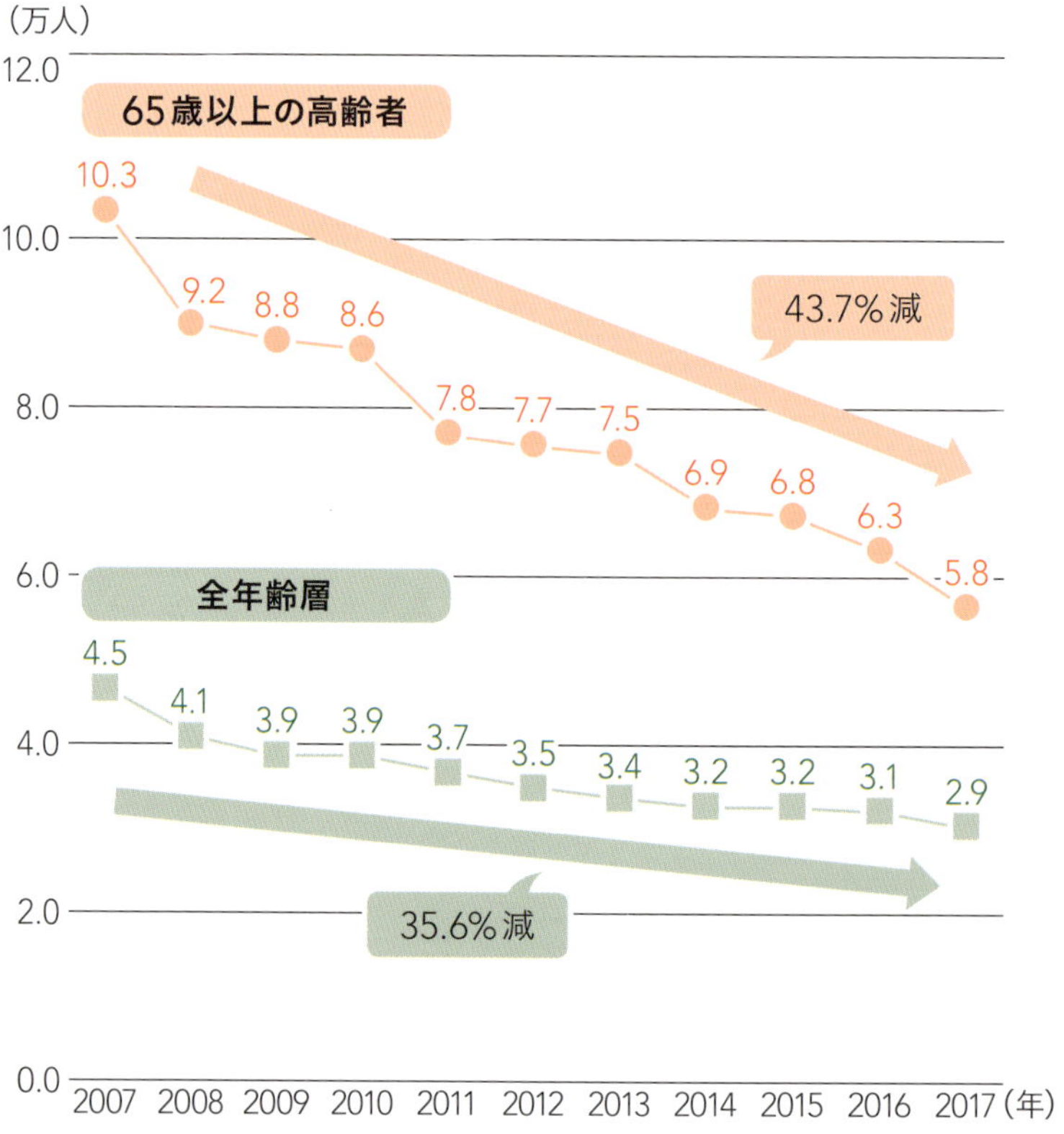

〈総務省調べ「人口推計」および「国勢調査」より〉

高齢ドライバーによる事故多発の原因とは

高齢者の運転が問題となる原因のひとつに他の年齢層に比べて事故が多いことが挙げられるでしょう。下の図を見ると、**75歳以上の事故件数が75歳未満に比べて2倍以上**になることがわかります。

この世代に事故が多い理由ですが、加齢によって運転に必要な3つの要素・能力が低下することも関係があると考えられます。ひとつめは「認知」。これは、周りの状況を見聞きする能力です。ふたつめは「判断」。認知した状況から、どう行動するかの意思決定能力です。

最後は「操作」。意思決定からの、体の動くスピードや、適切な動きをするための能力です。

運転に必要な3つの要素

認知
歩行者や交通状況などを認知する能力

判断
認知したことを危険か安全かなど、判断する能力

操作
認知・判断してから、運転操作をする能力

年齢層別の死亡事故件数

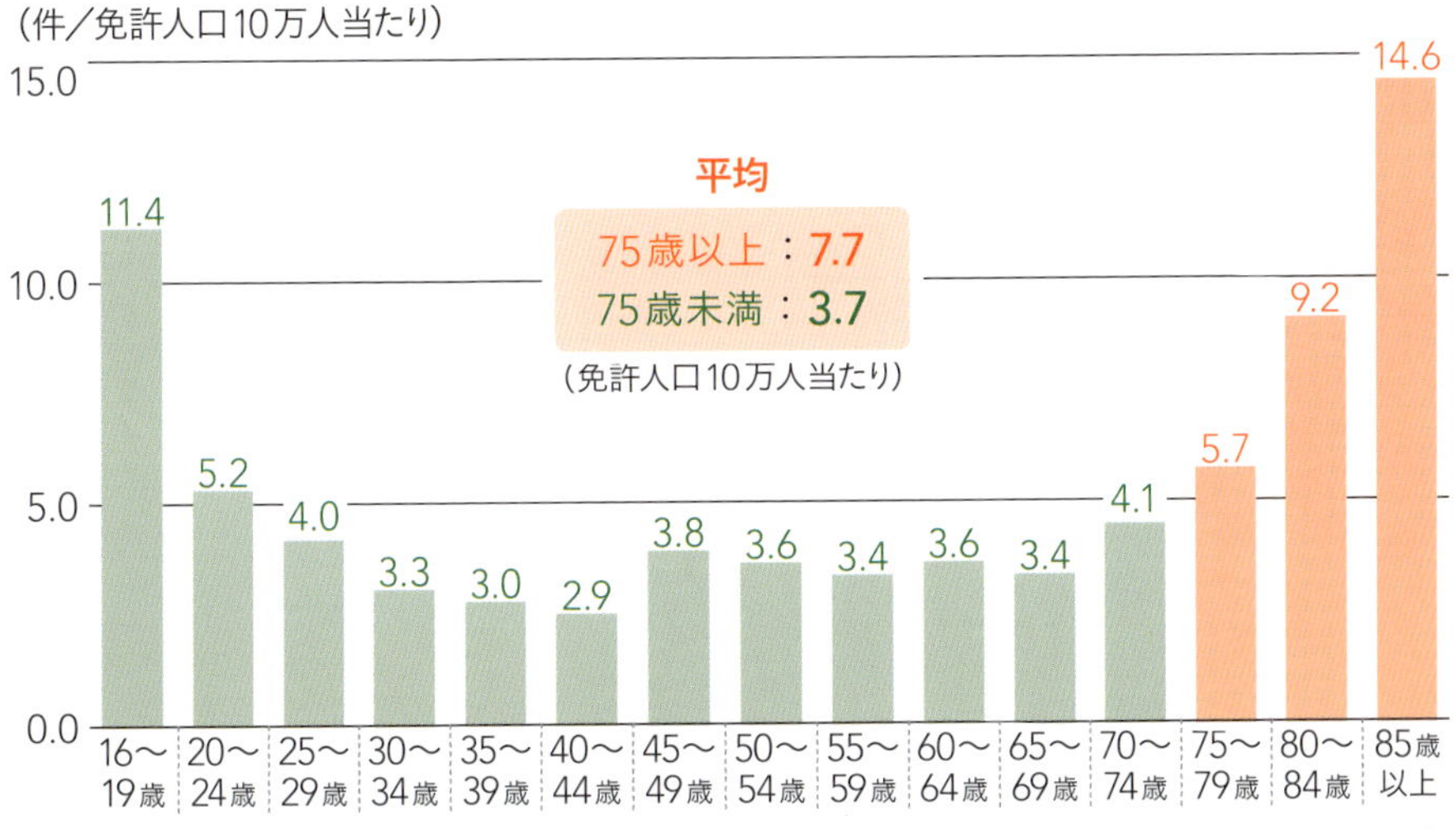

〈警察庁・平成29年中の高齢運転者による死亡事故に係る分析・改正道路交通法施行後1年の状況より〉
※平成29年12月末の運転免許保有者数で算出

今から実践！ 安全運転のコツ

運転を長く続けるポイントは「運転脳」を鍛えること

人間の脳の中で、車の運転に関わる領域はさまざまですが、専門家の間ではそれらを総称して「運転脳《うんてんのう》」と呼んでいます。先に紹介した「認知」「判断」「操作」の3つを司る重要な部分です。

運転脳を活性化させることで、安全に長く運転を続けることができます。日常生活の中で、脳を刺激する適度な運動や人との会話なども大事ですが、ここでは運転の前後、あるいは運転中にできる、運転脳を活性化させる6つの心得を紹介します。

「運転脳」活性化の6つの心得

☑ 時間と気持ちにゆとりを持つ

時間に余裕がない状態で運転すると、どうしてもスピードが出てしまいがち。ですが、**スピードを落とすことは安全運転の基本**です。スピードを出して走行すると視野が狭くなり、認知・判断が遅れて危険を回避できないこともあります。早めの出発を心がけ、時間と気持ちにゆとりを持ちましょう。

☑ 足の関節や筋肉を鍛えておこう

身体を動かすことが少ないと、年齢とともに関節や筋肉が硬くなり、身体の動きが鈍くなります。とくに**足の関節や筋肉は、アクセルやブレーキを操作するため重要**。もしものときにスムーズにブレーキを踏むためにも、普段からストレッチやトレーニングをしておきましょう。

車庫入れはゆっくりと

空間認知機能が低下すると、駐車や車庫入れがスムーズにできなくなり、苦手だと感じる人が多くなります。慣れた場所でも、壁などにこすってしまい傷をつけるようになります。**車を降りて確認しながら、ゆっくりと入れる**ようにしましょう。

“運転は疲れる”もの

運転は緊張状態を保ち続けるため、非常に疲れます。**疲れた状態で運転を続けると、注意力や判断力が低下して危険**です。長時間のドライブでは、こまめに休憩をとったり、運転を交代したりするように心がけてください。

交差点での右左折は注意

交差点で対向車の距離感やスピードが測りづらくなるのが、空間認知機能の低下の症状。対向車がはけた際の右折、あるいは左折の判断にも時間がかかってしまいます。**歩行者なども見落としがちになりますので、慎重に行うように**しましょう。

標識はしっかり読み取る

認知機能が低下すると、道路標識や看板を見落としがちになります。目の老化だけでなく、注意が視野の隅々までいかなくなるからです。とくに**高速道路の入口などでは進行方向を間違えて逆走しないよう**、標識をしっかり確認しましょう。

普段から注意したい認知機能低下チェック！

運転脳はほかの脳の機能同様、年齢と共に衰えてくるものです。とくに3つの要素のひとつめである認知機能に影響が出てきます。

その認知に関わる、車の運転時に現れやすい危険ポイントをまとめたので、自分の弱点を知るためにも年に一度は確認してみましょう。

5つ以上にチェックが入ったら要注意。普段の生活や運転時に、脳を使うことを意識しましょう。チェック項目が急に増えるようであれば、専門医の受診を検討しましょう。

認知機能チェック表

1 ☑車のキーや免許証などを探し回ることがある。
2 ☑機器や装置（アクセル、ブレーキ、ウインカーなど）の名前を思い出せないことがある。
3 ☑道路標識の意味が思い出せないことがある。
4 ☑今までできていた機器の操作ができなくなった。
5 ☑トリップメーターの戻し方や時計の合わせ方がわからなくなった。
6 ☑車で出かけたのにほかの交通手段で帰ってきたことがある。
7 ☑日時を間違えて目的地に行くことが多くなった。

主にもの忘れなどの「記憶障害」などによって現れやすくなる項目です。

8 ☑自分の車を停めた位置がわからなくなることがある。
9 ☑何度も行っている場所への道順がすぐに思い出せないことがある。
10 ☑運転している途中で行き先を忘れてしまったことがある。
11 ☑よく通る道なのに曲がる場所を間違えることがある。

主に時間や場所の感覚が薄れる「見当識障害」などによって現れやすくなる項目です。

12 ☑運転中にルームミラー、バックミラーをあまり見なくなった。
13 ☑曲がる際にウインカーを出し忘れることがある。
14 ☑アクセルとブレーキを間違えそうになることがある。
15 ☑反対車線を走りそうになった。
16 ☑右折時に対向車の速度と距離の感覚がつかみにくくなった。

主に考えるスピードや正確性が低下する「判断力障害」などによって現れやすくなる項目です。

17 ☑気がつくと自分が先頭を走っていて、後ろに車列が連なっていることがよくある。
18 ☑車間距離を一定に保つことが苦手になった。
19 ☑合流が怖く（苦手に）なった。
20 ☑高速道路を利用することが怖く（苦手に）なった。
21 ☑車庫入れで壁やフェンスに車体をこすることが増えた。
22 ☑駐車場所のラインや、枠内に合わせて車を停めることが難しくなった。

主に距離感を正しくつかむ「空間認知力の低下」と、判断して実行するまでの「実行機能の低下」などによって現れやすくなる項目です。

23 ☑急発進や急ブレーキ、急ハンドルなど、運転が荒くなった（と言われるようになった）。
24 ☑交差点での右左折時に、歩行者や自転車が急に現れて驚くことが多くなった。
25 ☑運転しているときにミスをしたり、危険な目にあったりすると頭の中が真っ白になる。
26 ☑同乗者と会話しながらの運転がしづらくなった。
27 ☑以前ほど車の汚れが気にならず、あまり洗車をしなくなった。
28 ☑好きだったドライブに行く回数が減った。
29 ☑運転自体に興味がなくなった。
30 ☑運転すると妙に疲れるようになった。

主に「注意力や集中力の低下」、「活動意欲の低下」などによって現れやすくなる項目です。

〈『運転を続けるための認知症予防』 浦上克哉・著より〉

年齢で変わる！運転免許の更新方法

高齢者講習などの受講が必須に

ご存知の人も多いと思いますが、運転免許の更新方法は年齢によって変わってきます。まず、70歳以上になると更新の際に2時間の高齢者講習を受けなければなりません。

さらに75歳以上になると、認知機能検査が義務づけられ、最終的に認知症と判断された場合は免許の取り消し、または停止処分となります。また、認知症ではないと判断された場合でも、記憶力・判断力の程度に合わせて、2～3時間の講習を受ける必要があります。

チェック1 70歳以上から免許更新時に講習を受ける

70歳になると、それまでとは違って**更新時に合理化講習**を受ける必要があります。さらに75歳以上になると認知機能検査で記憶力・判断力が低くなっている、少し低くなっていると判断された場合、高度化講習を受けなければなりません。

高度化講習の内容

【運転適性検査】
動体視力や夜間視力、水平視野などを検査します。

【双方向型講義】
運転に必要な知識などを受講者の理解度に応じて講義します。

【実車指導】
受講者に実際に運転してもらい、個別に指導をします。

【個別指導】
実車指導を踏まえ、映像教養などによる安全指導を行います。

チェック2 医師の診断が必要な場合も

認知機能検査で記憶力・判断力が低くなっていると判定されると、**後日、臨時適性検査を受けるなど医師の診断が必要**となります。その結果、認知症と判断された場合は、免許を更新できず、また医師の診断を受けなかった場合も、更新は不可となります。

2017年3月道路交通法改正！

運転免許を更新する場合

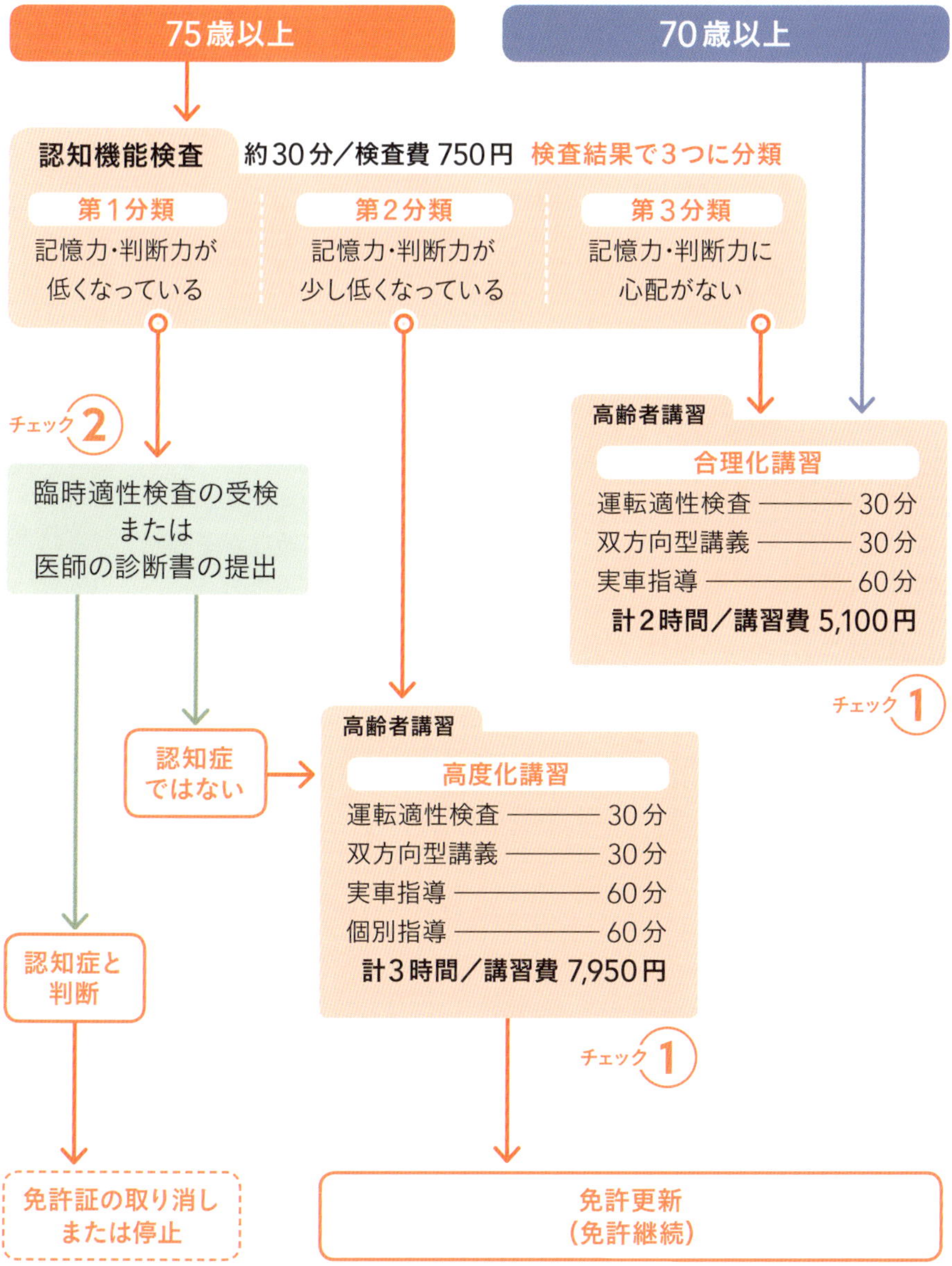

〈警視庁の資料をもとに作成〉

違反をした場合、免許はどうなる？

一定の違反をすると検査を受ける必要が

75歳以上になると、一定の違反をしてしまった場合の流れも変わってきます。信号無視など認知機能が低下した人が起こしやすい違反（18基準行為）をしてしまった場合、臨時認知機能検査を受けることが義務づけられました。

臨時認知機能検査の結果によっては臨時高齢者講習や医師の診断を受けなければなりません。一度違反をすると、検査を受けるなど大変です。違反をしないため、より一層の安全運転を心がけましょう。

チェック1 認知機能の低下が疑われる場合は検査

通常75歳以上の人が認知機能検査を受けるのは3年に一度の運転免許更新のときですが、18基準行為に該当する違反をしてしまうと、臨時の認知機能検査を受けなければなりません。これは**次の更新までの3年間に認知機能が低下するおそれがあり、それをなるべく早く発見するために設けられた制度**です。

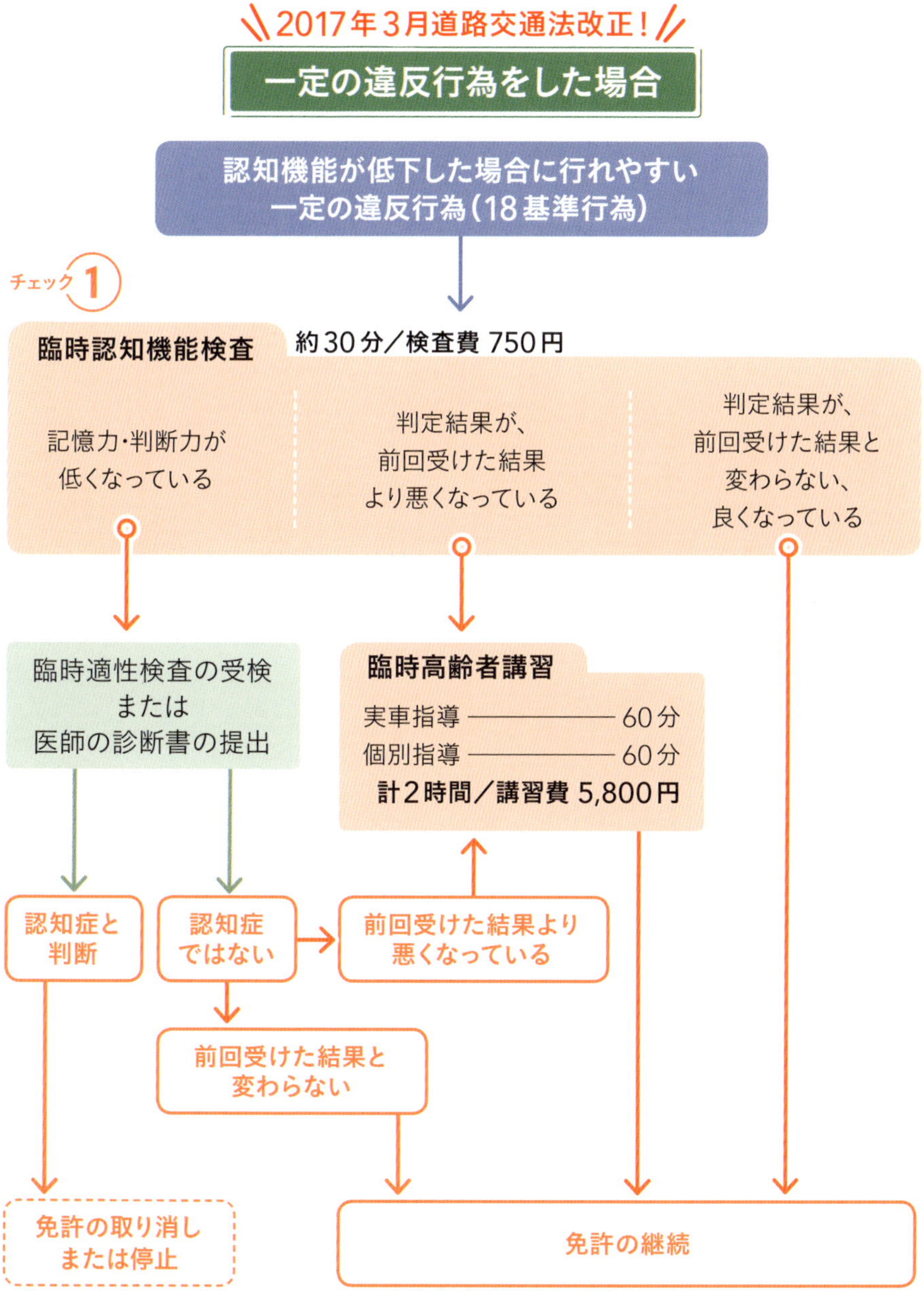

〈警視庁の資料をもとに作成〉

150ページで、18基準行為を紹介しています。
すべて基本的な交通ルールですので、確認しておきましょう。

認知機能検査とはどんな検査？

30分ほどで終わる簡易な検査

75歳以上のドライバーが高齢者講習の前に受けなければならない認知機能検査。その内容はどんなものなのでしょう？

記憶力や判断力を測る検査で、下記のような流れで行われ、30分ほどで終了します。検査は検査員の説明を受けながら進むため、特別な準備は必要ありません。運転免許証の更新期間が満了する日の6か月前から受けることができます。対象者には6か月前までに通知が届くので、届いたら早めに受検しましょう。

検査の流れ

1 検査についての説明

2 名前、生年月日、性別、運転頻度の記入

3 時間の見当識

回答用紙《かいとうようし》1

以下《いか》の質問《しつもん》にお答《こた》えください。

質問《しつもん》	回答《かいとう》
今年《ことし》は何年《なんねん》ですか？	年《ねん》
今月《こんげつ》は何月《なんがつ》ですか？	月《がつ》
今日《きょう》は何日《なんにち》ですか？	日《にち》
今日《きょう》は何曜日《なんようび》ですか？	曜日《ようび》
今《いま》は何時何分《なんじなんぷん》ですか？	時《じ》　分《ふん》

※指示《しじ》があるまでめくらないでください。

検査時の年月日、曜日、時間を回答します。

4 手がかり再生

下のようなイラストを５分間記憶します。そのあと２分ほど、採点には関係しない別課題を行い一定の時間を空けます。

【　自由回答　】

記憶しているイラストをヒントなしで、何が描いてあったか回答します。約3分30秒。

【　手がかり回答　】

さらにヒントをもとに回答します。約3分30秒。

（別課題）

回答用紙《かいとうようし》4

以《い》下《か》の質問《しつもん》にお答《こた》えください。

1. 戦《たたか》いの武器《ぶき》 ＿＿＿＿＿＿＿＿
2. 楽器《がっき》 ＿＿＿＿＿＿＿＿
3. 体《からだ》の一部《いちぶ》 ＿＿＿＿＿＿＿＿
4. 電気製品《でんきせいひん》 ＿＿＿＿＿＿＿＿
5. 昆虫《こんちゅう》 ＿＿＿＿＿＿＿＿
6. 動物《どうぶつ》 ＿＿＿＿＿＿＿＿
7. 野菜《やさい》 ＿＿＿＿＿＿＿＿
8. 台所用品《だいどころようひん》 ＿＿＿＿＿＿＿＿
9. 文房具《ぶんぼうぐ》 ＿＿＿＿＿＿＿＿

※指示《しじ》があるまでめくらないでください。

5 時計描写

空間把握力の検査。時計の文字盤を描き、さらにその文字盤に指定された時刻を表す針を描きます。

採点方法と判定

総合点は3つの検査の点数を下記の計算式に代入して算出します。

総合点＝$1.15 \times A + 1.94 \times B + 2.97 \times C$

- **A：時間の見当識の点数**
- **B：手がかり再生の点数**
- **C：時計描写の点数**

49点未満　第1分類
記憶力・判断力が低くなっている

49点以上76点未満　第2分類
記憶力・判断力が少し低くなっている

76点以上　第3分類
記憶力・判断力に心配がない

〈警視庁の資料をもとに作成〉

運転に影響する身体の変化を自覚する

過信は禁物
衰えは誰にでも起こるもの

車の運転には、実にさまざまな能力を使います。例えば、ほかの車や歩行者を把握する認知力、ハンドルやブレーキを操作する能力、どう運転するのかを決める判断力や記憶力、視力、聴力などです。でもそれらは加齢とともに衰えてしまうもの。そのため、高齢ドライバーは事故を起こしやすいといわれているのです。

事故を起こさないために、自分の弱点を自覚し「今まで大丈夫だったから」という過信を捨て、慎重な運転を心がけましょう。

最近の運転にこんな自覚ありませんか？

- ☑疲れがたまりやすくなった
- ☑蛇行運転が増えた
- ☑車体にこすり傷が増えた
- ☑赤信号や一時停止を見落とす
- ☑アクセルからブレーキへの足の移動が遅くなった
- ☑注意を向けた方向にハンドルも向けてしまう
- ☑脇見運転が増えた
- ☑ハンドルをしっかり握れない
- ☑急ブレーキや急ハンドルが増えた
- ☑後方からのクラクションやサイレンに気がつかない
- ☑追い越しや飛び出しに気づきにくい

加齢によって変化する身体の機能

最近運転が億劫《おっくう》になった、苦手になったと感じている人、右ページのチェック表に当てはまる項目が多い人は、下のような身体の機能低下が起きている可能性があります。

自然な老化現象だと考えられますが、中には**認知症などの病気が影響している恐れもあります**。自覚がある場合は、早めに検査して、対策するようにしましょう。

認知機能の低下も含め、老化による身体の機能低下は誰にでも起こる自然なことです。それを補うには、運転時のより一層の注意と、交通ルールをしっかりと守る安全への心構えが必要です。本書を活用してフレッシュな気持ちで運転にのぞみましょう。

検査の流れ

体力・筋力	以前に比べて体力がなくなった、これは多くの人が感じているはずです。一般的に60歳代の人の体力や筋力は20歳の頃の約半分といわれています。
注意力	ひとつのことに気を取られてしまうと、ほかの情報を見落としがちになります。ミスをした場合も、引きずられてしまい、さらなるミスを呼ぶこともあります。
視力	夕暮れ時など、視界が見づらくなったと感じている人も多いはずです。これはさまざまな“見る力”が低下している証拠です。詳しくは次のページで説明します。
聴覚	踏切音や、緊急車両のサイレンなど、聴覚も運転時の重要な認知機能のひとつです。音の知覚は年齢とともに、一般的には高い音から徐々に聞きづらくなっていきます。
反応時間と正確さ	状況を把握して判断し、運転操作するまでの時間がかかるようになります。また、操作の正確さにも欠けるようになり事故に直結する恐れがあります。

〈『運転を続けるための認知症予防』浦上克哉・著より〉

とくに注意したい視力の役割と変化

目から入る情報は、運転するために大切な情報となります。しかし加齢によって目の機能は低下していきます。運転に密接に関わってくる目の機能は以下のようなもの。自分がどの能力が低下しているかを自覚して、それを補いながら安全運転を心がけることが大切です。

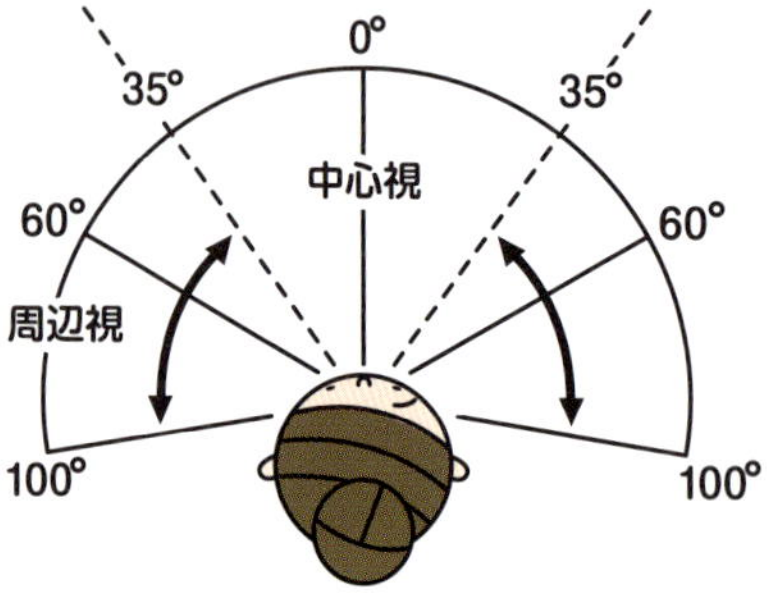

視野の中で、しっかりと認識できる範囲を「**中心視**」、映る程度の範囲を「**周辺視**」といい、「中心視」の範囲は年齢とともに狭まってきます

加齢で変化する視覚機能

動体視力	動いているものを見る動体視力は迅速な水晶体の調整が必要なため、年齢とともに急速に低下します。車の速度を落としたり、長時間の運転は控えましょう。
視野	視野は年齢とともに狭くなるといわれています。ものの形や色を正確に確認できる中心視は、中心から左右35度付近まで、それより外側に行くほど大まかにしか捉えられなくなります。
夜間視力	水晶体が濁ったり、光を感じる視細胞が減ることで夜間が見えづらくなります。ヘッドライトの照射範囲内で停止できる速度で走りましょう。
明度の差	夕暮れどきなどは光量が少なく、コントラストが小さいものが見分けづらくなります。早めにライトを点灯して、速度を落としたり、車間距離をとって安全運転を心がけましょう。
順応と眩惑	明るい場所と暗い場所を移動した場合、最初はよく見えませんがそのうち順応して見えるようになります。年齢とともに順応時間は長くなります。トンネルの出入り口などは注意しましょう。夜間対向車のライトなども、直視しないようにして下さい。

※その他、40歳頃から増えてくるといわれている白内障や症状が進行すると視野欠損が起こる緑内障になることもあり、免許取り消しとなる可能性が高くなります。視力の低下を感じたら早めに診断を受けましょう。

事故の原因にも身体の変化が関係

下記のグラフは運転時死亡事故の人的要因を比較したものです。ハンドルの操作不適や、ブレーキ・アクセルの踏み間違いが、75歳以上では1位、2位になっています。その理由は、とっさの判断力や車を正確に操作する力が年齢とともに低下しているからと考えられます。

しかし、ここでいいたいことは「75歳以上はペダルの区別がつかなくなるから運転は危ない」ということではありません。操作の誤りは75歳未満、さらにいえば20代、30代の人でも起こり得ることなのです。身体能力の低下でその可能性が大きくなるのであれば、その分**心のブレーキを利かせて、安全確認を行えば良いのです。**

死亡事故の人的要因比較

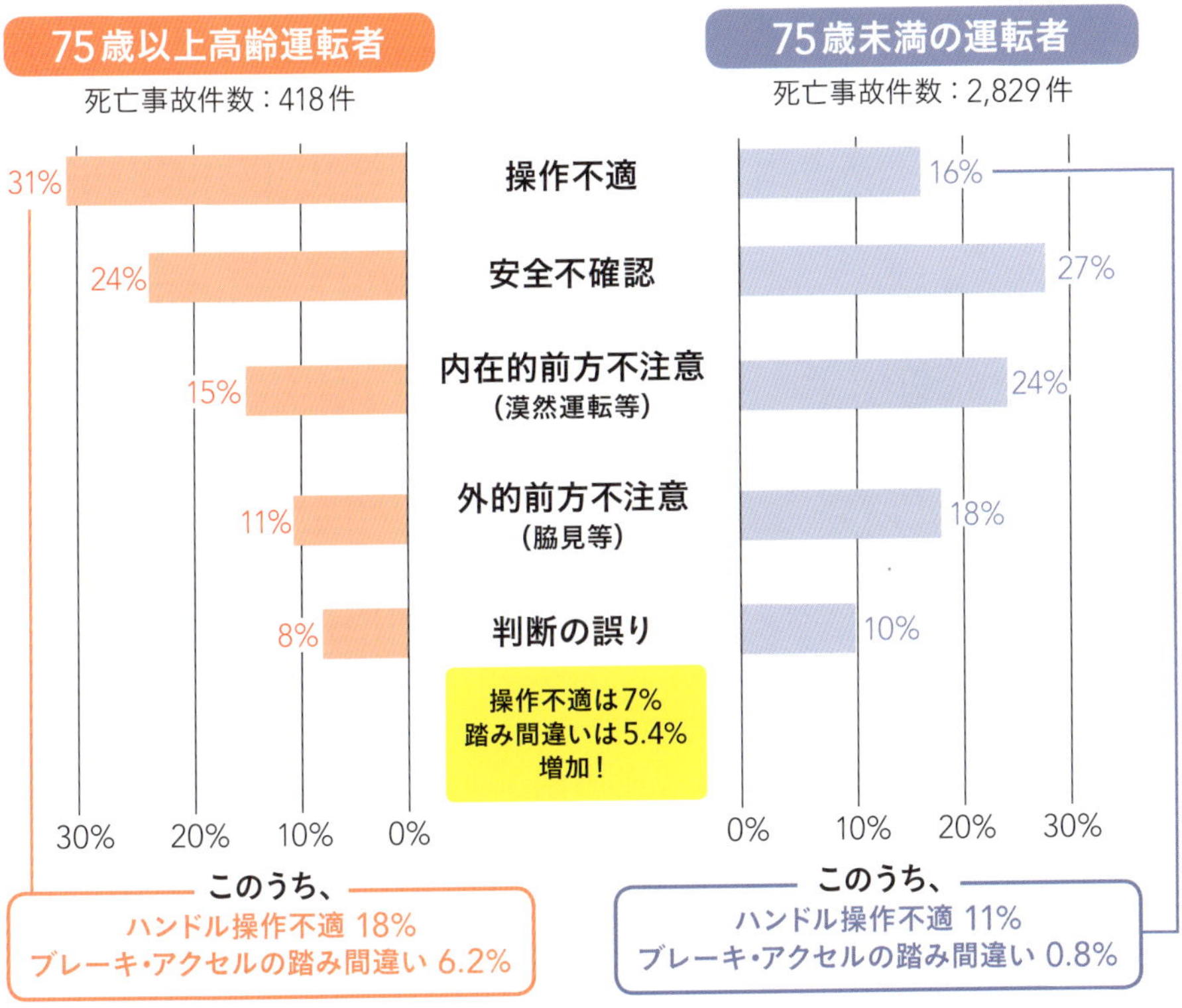

〈警視庁：平成29年中の高齢運転者による死亡事故に係る分析
改正道路交通法施行後1年の状況より〉

COLUMN 1

自分を守るシルバーマーク

シルバーマークはつけたくない、面倒だからつけていない、という人は多いかもしれません。しかし、安全のためにもシルバーマークは、ぜひつけておきたいものなのです。

シルバーマークは正式には、高齢運転者標識（高齢者マーク）と言い、危険を避けるためのとっさの行動が困難になったり、危険を察知し回避したりするのが遅れがちになる70歳以上の高齢者はつけることが推奨されています。実はこのマークをつけることにより、初心者マークと同じ交通弱者として守られる立場になり、周りの車は幅寄せしたり前方に割り込みしたりしてはならないのです。

万が一、自動車同士で事故などになった場合、相手が保護を怠ったと判断されたら処罰されます。シルバーマークをつけることで、あなたは法的に守られるのです。

2章

ベテランドライバーのための基本運転術

交通事故につながる要因のひとつに

自己流の誤った運転術があります。

姿勢が悪かったり、ウインカーを省略していたり……。

心当たりのある人は要注意です。

この機会に、基礎からおさらいしましょう。

安全チェック・防犯チェックを忘れずに！

毎日のチェックが安全な運転生活を支える

　安全のために必ず行いたいのが、乗る前のチェックです。車の前後左右に人や動物、自転車などの障害物がないか確認しましょう。とくに、小さな子どもが物陰にかくれていないか、タイヤの前に物が置かれてないかなど、見落としがちなので注意が必要です。

　また、ドライブ後、降りるときの防犯チェックも大切です。鍵のかけ忘れ、窓の閉め忘れに注意して、可能であれば、ぐるっと車の周りをまわってから、その場を離れましょう。

乗る前のチェック

- ☑車の周囲に子どもはいない？
- ☑周りに動物はいない？
- ☑タイヤの空気は抜けていない？
- ☑屋根の上に携帯電話など物を置いていない？

降りるときチェック

- ☑少しの間だけ降りる場合でも、エンジンを止めてドアをロックする
- ☑貴重品が入っているものを置いたままにしない
- ☑窓やサンルーフは急な天候の変化に備えて閉めておく
- ☑ギアがパーキングに入っているか確認
- ☑MT車はギアを入れて駐車する（※）

※平地、あるいは道路が下りならRに、上りなら1速にギアを入れて駐車しましょう

死角に注意！　発車時の安全確認

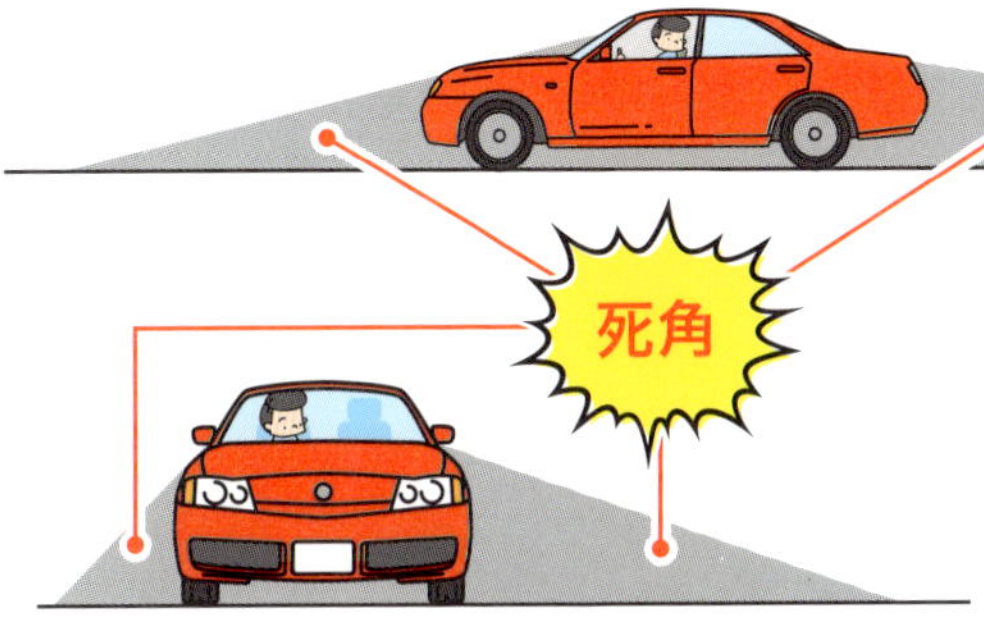

皆さんの中には、車に乗ってから周囲の安全を確認している人もいるかもしれません。しかし運転席からの眺めは死角が多く、小さな子どもがしゃがんでいた場合などは見えません。必ず乗る前に確認しましょう。

次に乗るときのために準備しておく

降りるときに気をつけたいのは、防犯と天候の変化です。また次に乗るときにスムーズな乗車ができるような準備も大切。ガソリンは十分な量があるか、飲食物を置きっ放しにしていないかなど、うっかりしがちなので確認しましょう。

ベテランドライバーのためのポイント

機器類の安全チェックを忘れずに

今まで問題なく来たからと過信しがちな機器の安全。タイヤのすり減り具合やパンク、ワイパーやバッテリーの点検など、1日くらい大丈夫と思い込まずに毎日のチェックを心がけてください。また定期的にガソリンスタンドや自動車ディーラーに行き、プロの目でも確認してもらうようにするとさらに安心です。

無意識のうちについた悪いクセに注意

長年運転していると誰でもクセのひとつやふたつはついているはず。ただし、姿勢に悪いクセがついてしまうと運転へ悪影響を及ぼし、事故のもとにもなりかねません。ここで正しい姿勢をおさらいしてみましょう。

姿勢は、座席の背もたれを起こして、ヒジが軽く曲がり、アクセルペダルの手前側に足を置くことができるぐらいのスペースで、ハンドルを握ればベストポジションになるはずです。この状態だと首も左右によくまわり、安全確認がしやすくなります。

正しい姿勢はコレ!

背もたれはできるだけ起こす
ハンドル上部を握っても、ヒジがやや曲がる
アクセルペダルの手前側に右足を置くことができる
深く腰掛けている
シートの高さ調節があれば小柄な人はやや上げておくとよい
左足はフットレストに乗せる
ブレーキを踏み切ったとき、シートとひざ下の間にゆとりがある

ベストポジションで運転すると疲れにくくなり、視界も良好になるため、安全運転につながります。

3つのダメな姿勢に注意

✕ シートが低くて視界が悪い

視界を確保するために不自然な姿勢になり、危険な運転に導く場合があります。

✕ シートを倒しすぎる

事故にあった際、シートベルトの下を身体がくぐっていき、被害が大きくなる恐れも。

✕ 前のめりすぎる

背中が浮き、あごが上がり、ハンドルにしがみつく。力が入って疲れるため危険です。

シートベルトの装着

骨盤を巻くように、ねじれないようにして留める

ベストポジションを見つけたら、その状態でシートベルトをしましょう。その際、首にベルトがかかってしまうと、いざというときに首がしまるので注意が必要。また下側のベルトは腹部に当てると、急ブレーキ時に内臓に圧力がかかるため、腰の骨にかかるようにしましょう。

ベテランドライバーのためのポイント

悪い姿勢が事故の元に

正しい姿勢で座っていれば、とっさのときに足を踏み抜いてもブレーキの位置を間違えることはありません。しかし、姿勢が悪かった場合は無意識のうちに踏み抜く場所を間違えてしまう恐れがあります。小さなことと思わずに、正しい姿勢を心がけてください。

周囲の死角を意識

慣れてくると忘れがちな周囲の確認をおさらい

一見、見通しの良い運転席からの視界ですが、実は死角が多く存在します。２章の初めで説明したもの以外にも下のイラストのような死角があり、確認を怠ると事故の原因となる場合もあります。

車体に遮られたり、ミラーの視界の狭間にできる死角は、その特性を理解することで危険を回避することができます。身体機能が低下してきたベテラン世代はより慎重な対処が必要。この機会にしっかりおさらいしましょう。

まだある！ 運転席からの死角

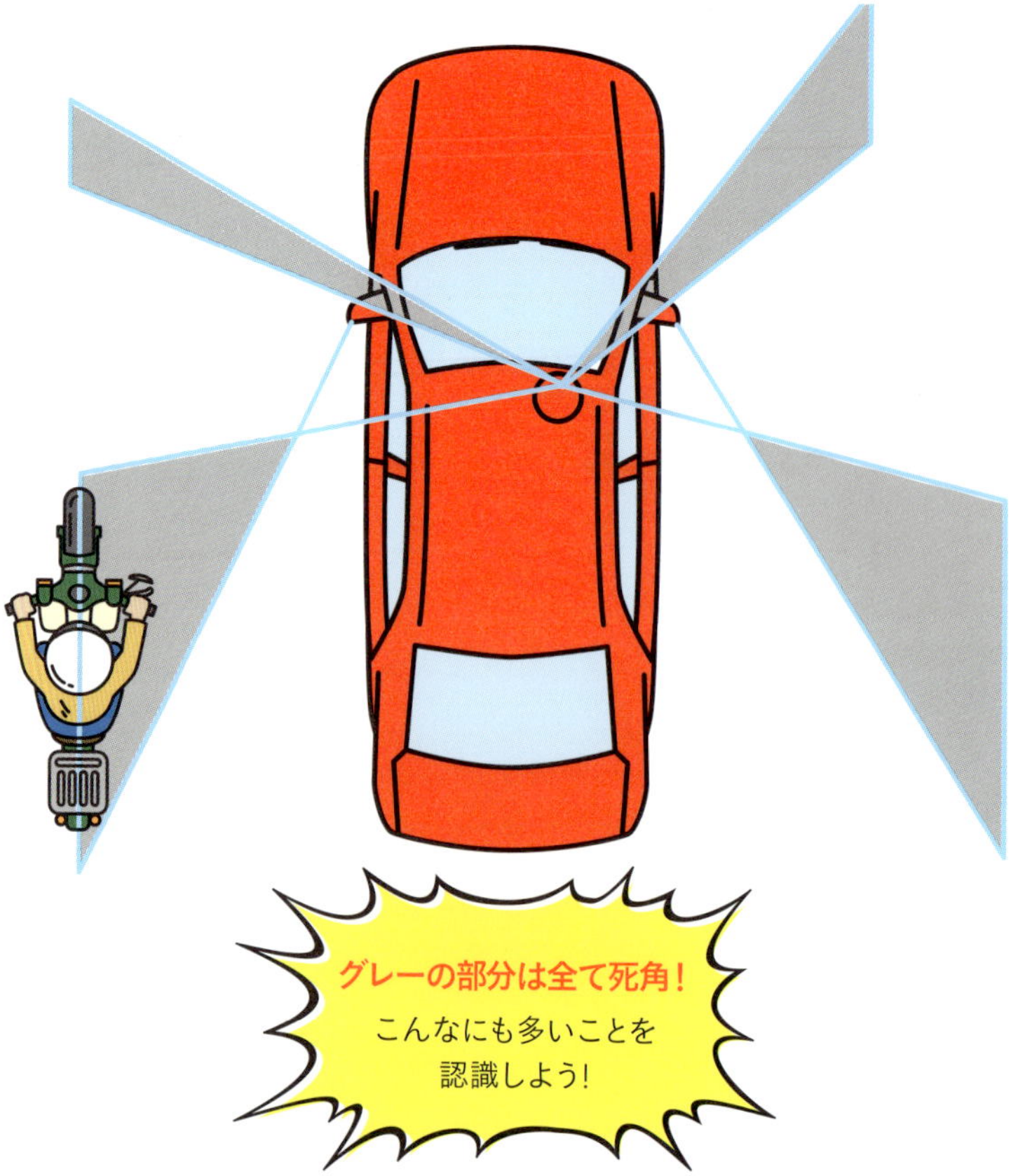
グレーの部分は全て死角！
こんなにも多いことを
認識しよう!

安全でスムーズな車線変更のポイント

車線変更する場合、サイドミラーは側方や後方からの接近や追い越しを確認するのにとても重要な役割を果たします。死角を認識しておかないと、車線変更を開始した後で、横の車に驚いたり、全く見えなかったバイクを巻き込みそうになることも。

ウインカーを出し、サイドミラーを見てから、正面を確認。もう一度サイドミラーに目をやり、後ろ、前、横の順で確認。もちろん、最後は直接の目視も忘れずに。サイドミラーの役割は、側方や後方を確認するためのもので、死角となる周囲の確認は自分の首を動かして行います。次のページでは、その目視がより重要となる死角を紹介します。

車線変更するときに注意したい死角

◎車線変更OK

距離が十分であれば、サイドミラーに後方車両全体が映る。目視も忘れずに。

✕車線変更NG

真横まで接近してミラーに映らない可能性があるため目視確認が必要。

後方車両が欠けてサイドミラーに映れば、接近、追い越そうとしているところ。

ベテランドライバーのためのポイント

身体の変化と死角の関係

人は加齢とともにはっきりと物がとらえられる「中心視（➡P.24）」の範囲が狭くなるといわれています。横道から進入する車にギリギリで気がつき急ブレーキを踏む、などの行動が多くなった人は、事故を防ぐためにも意識して首を動かし、周囲やミラーを確認する習慣をつけましょう。

そのほかに注意したい死角

【　自らの車による死角　】

ピラー（窓枠）の死角部分は頭を動かして確認。進路変更や駐車時なども同様に。

【　駐停車車両による死角　】

車の間から飛び出してくる人や、ドアの開閉などにも注意する。

【　交差点による死角　】

安全が確認できるまですぐに止まれる速度で、何度か停止しながら目視をしつつ進む。

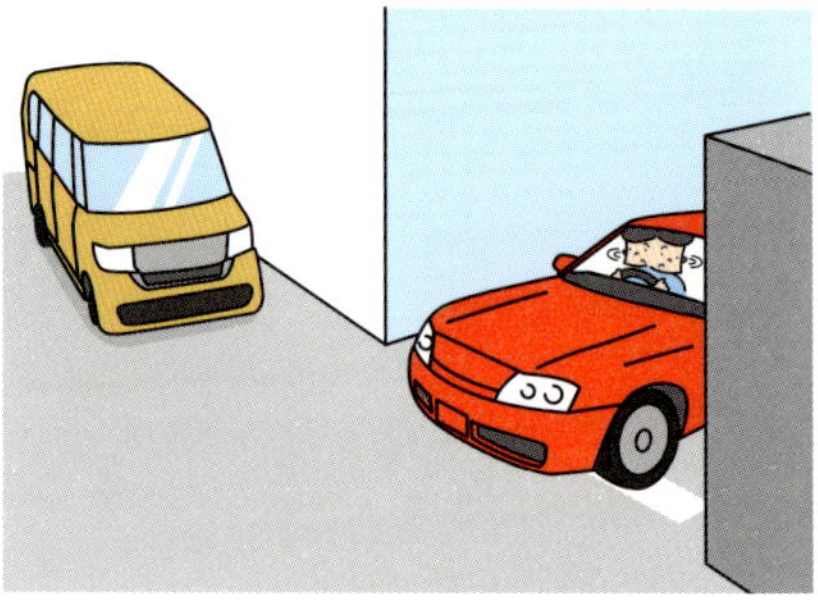

【　地形による死角　】

急カーブや急な坂道の頂上付近など、先が見通せない道はブレーキをかけてすぐに止まれるくらいの速度で進む。

ミラーの位置を直すクセをつける

周囲の状況が確認できるミラーは、安全運転の力強い味方です。しかし、自己流で合わせていたら効果が半減してしまう場合も。ここで安全確認に差がつく最適なミラーの位置の合わせ方を解説します。下記を確認したら、自分の体格などに合わせて、さらに死角を減らし、実用性を上げるような調整を行うことも可能です。

ルームミラーは、リアウィンドウの枠が納まる位置。左右のサイドミラーは、どちらも自分の車の後方がミラーの1/5〜1/4を占める角度に調整しましょう。また、ミラーの角度は運転者によって変わります。エンジンをかける前に、必ずミラーの位置を確認してください。

死角を最小限にするミラーの合わせ方

【 ルームミラー 】

◎
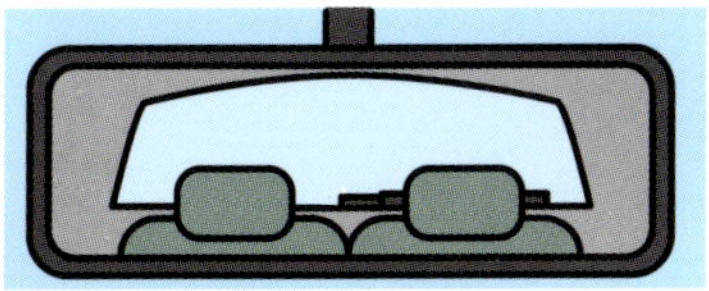
通常ポジションから視線移動だけでリアウィンドウ全体が見られる状態。

×
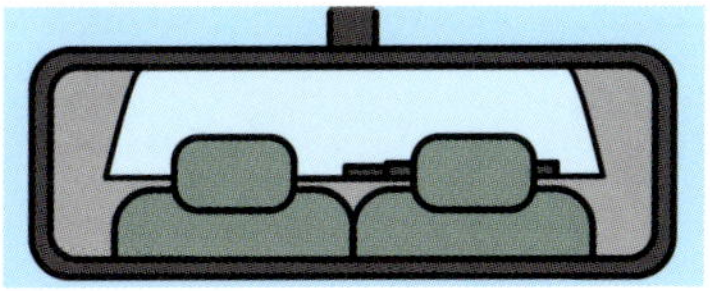
ヘッドレストや天井など、主に車内が映っていて後方がよく見えていない。

【 サイドミラー（左） 】

◎

確認の基準になる程度（1/4 〜1/5）に自分の車が映っている。

×
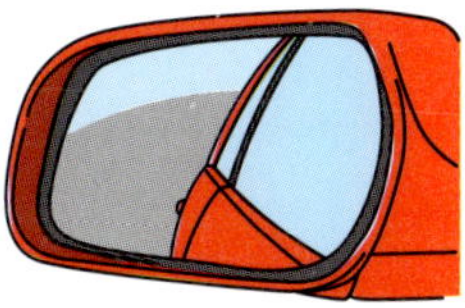
車体が入りすぎて広範囲が見えないので何も確認できない。

【 サイドミラー（右） 】

◎

右側は左に比べてやや遠くの車も確認でき、空が3/4を占めるくらいの角度に。

×

自分の車が全く入っていないと基準がなく、距離感がつかめない。

正しい車両感覚を意識

感覚を呼び戻して不意な接触を回避

長年運転するうちに鈍くなりがちな車両感覚。以前に比べて、車庫入れ時などに車体についた細かい傷が増えた、と感じているベテランの人も多いのではないでしょうか？

ここでは車両感覚をチェックして、鈍くなっていた場合の練習方法を解説します。

車両感覚を戻すにはラインと車体の関係を確認するのが近道。目安になるポイントを把握して、そこに目印をつけて車輪や車体を把握するトレーニングをしてみましょう。

あなたは大丈夫？ 車両感覚チェック☑

- ☑車体、とくに助手席側に傷が増えた。
- ☑駐車場で縁石に乗り上げたり、左右どちらかに偏って駐車してしまうことが多い。
- ☑走行中、無意識のうちに路肩や中央に寄りすぎていることがある。
- ☑駐車時、バックではなく前から突っ込んでしまうことが増えた。

正しい車両感覚を身につける練習

※練習は他に車がいない駐車場で注意をはらって行いましょう

【 左側 】

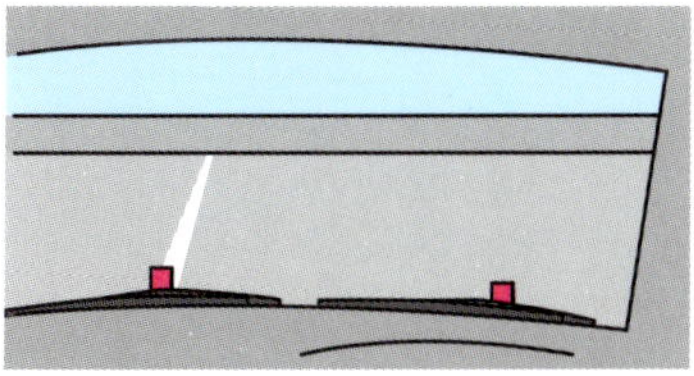

1 左のワイパーの中央の延長線上に左前輪がある。そこに目印をつけ、白線と揃える。

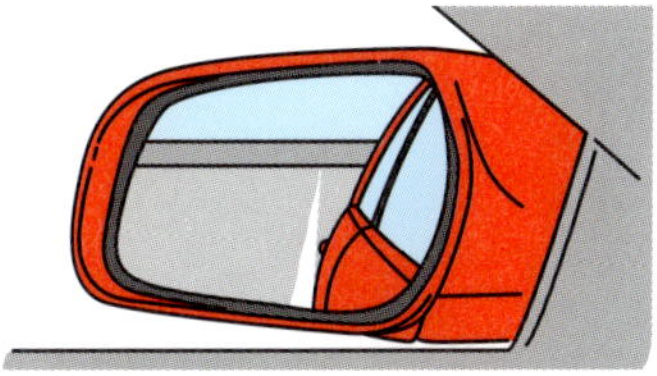

2 車体と白線が平行なことを確認。

3 左側のタイヤが白線に乗る。1の目印よりも白線が外側なら、車体にぶつからないので、感覚の基準とする。

【 右側 】

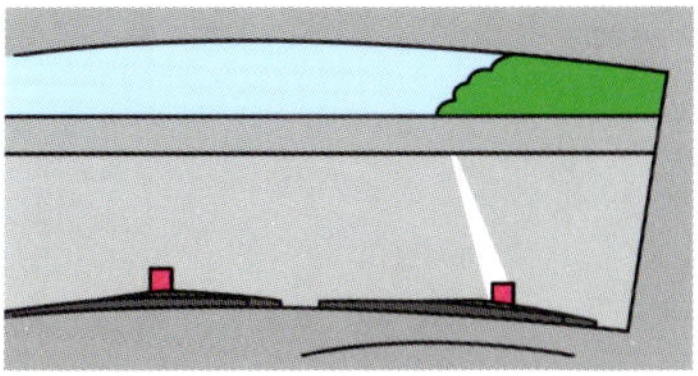

1 右のワイパーのつけ根の延長線上に右前輪がある。つけ根に目印をつけ、白線と揃える。

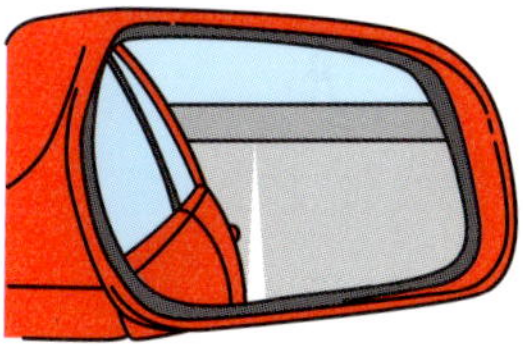

2 車体と白線が平行なことを確認。

3 右側のタイヤが白線に乗る。1の目印よりも白線が外側なら、車体にぶつからないので、感覚の基準とする。

【 前後 】

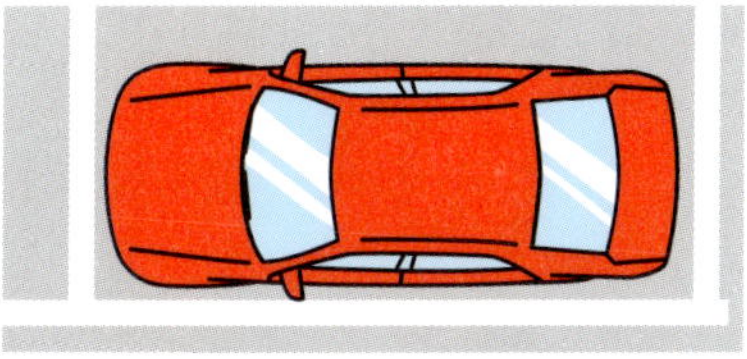

1 車体の前のラインが白線に平行になるよう駐車する。

2 運転席から見て、白線がサイドミラー上下のどこにあるかを基準とする。

車間距離に気をつける

車は急には止まれない！速度で変わる車間距離

運転に慣れたドライバーだと「十分な車間距離を空けると割り込みされるから」と前車との距離を詰めてしまう人もいるかもしれません。

車が停止するためには、運転者が危険を感じてブレーキを踏みブレーキが実際に利き始めるまでの間の「空走距離」と、利き始めてから車が停止するまでの「制動距離」を合わせた「停止距離」が必要です。

適切な車間距離を取らないことは、事故に直結します。自分を守るためにも、適切な距離を取りましょう。

車間距離の確認方法

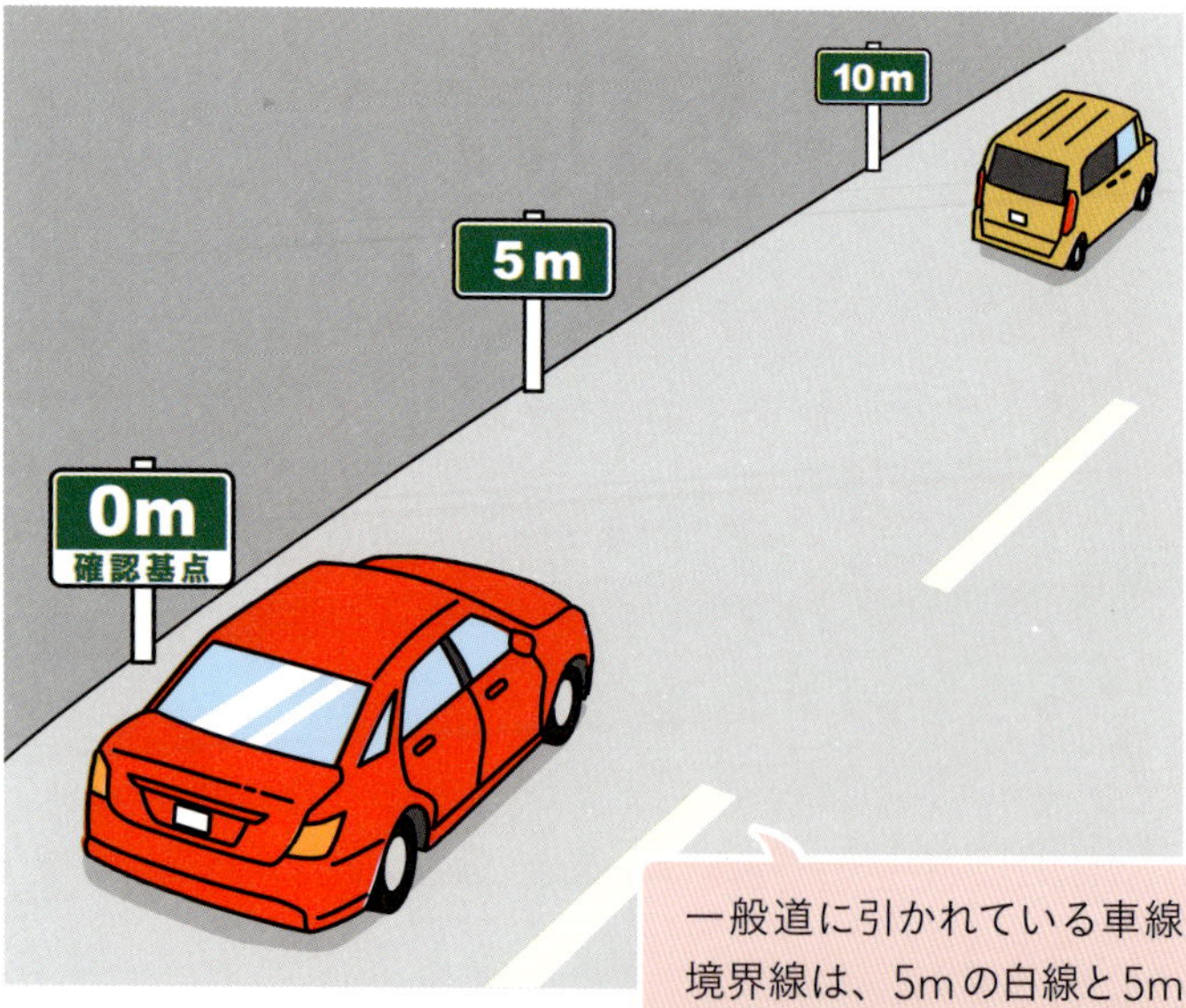

一般道に引かれている車線境界線は、5mの白線と5mの空白の計10m。高速道路では8mの白線と12mの空白の計20mになっています。この白線を目安に車間距離を保つと良いでしょう。

〈交通事故抑止に資する取り締まり・速度規制等の在り方に関する懇談会
平成25年11月11日警察庁交通局より〉

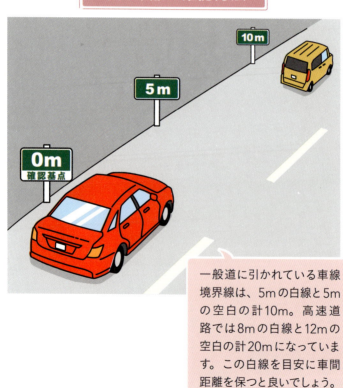

天候・前車によって変える車間距離の秘訣

秘訣1 2秒分の間を空ける

一般的には「100km/hなら100mの車間距離が適切」といわれています。これは、**車間距離は危険を察知して車が完全に止まるまでの時間を考え、2秒分の距離が最低でも必要**だからです。昔に比べて反射能力が落ちてきたと自覚がある人は長めに取ると良いでしょう。

2秒分の距離

40km/h	➡約22m
60km/h	➡約44m
80km/h	➡約76m
100km/h	➡約112m

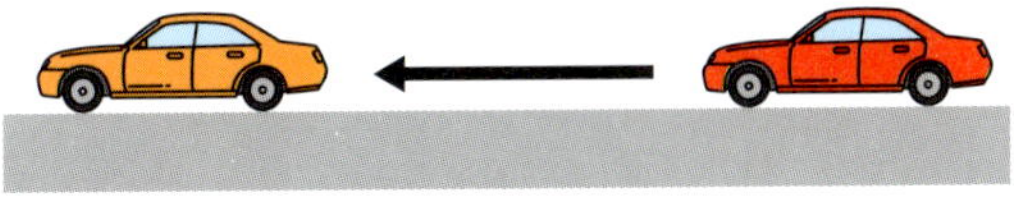

秘訣2 渋滞時は後輪を見る

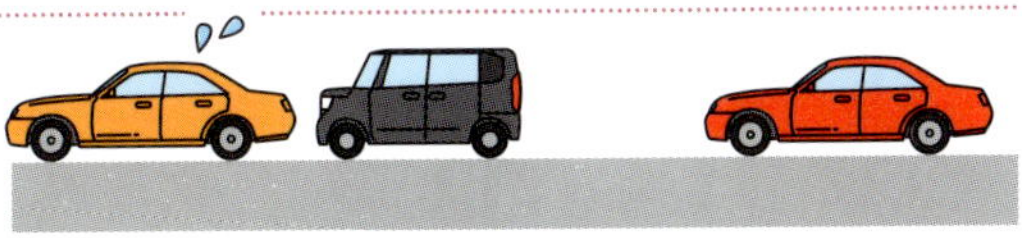

渋滞時は2秒の法則では距離が測れません。気が焦って詰め過ぎてしまうと、追突の可能性が増すばかり。**前車が普通車の場合は後輪が見えるくらいがベスト。前車がトラックの場合はそれよりも気持ち長めに**。前車が急ブレーキを踏む場合もあるため、常に前方の様子を確認しましょう。

秘訣3 一般車以外は2秒以上

トラックやタクシー、バスなどは前方の様子が見えづらく、突然停止するなど動きが読めないため、**2秒以上の距離を取るか、後ろにつかないようにしましょう。**

秘訣4 雨の日の場合

視界が悪くなるため判断が遅くなり、濡れた路面は晴れた日に比べて、停止距離が2倍になるといわれています。**車間距離もいつもの2倍取ることを心がけましょう。**

ベテランドライバーのためのポイント

路地から出て行く場合、車間は？

路地から大通りに出る場合、状況によっては一度バックをして路地に戻らなければならないことがあります。その場合、**後続車がピッタリとつけているとバックができません。**前車の運転者が焦り、後続車がクラクションを鳴らしてもそのままバックして衝突してしまう場合も多いようです。前車が不慣れでモタモタしていたり、大通りが混雑してなかなか出られない場合、イライラしてしまうこともあるかもしれません。しかし、ベテランだからこそ不測の事態に備え、安全な車間距離のキープを心がけましょう。

スムーズな車線変更とは？

スピードに注意して前車についていくように走る

車線変更や合流には慣れていても神経を使います。とくにベテラン世代になって視力などの認知機能が低下して、車線変更に苦手意識が出てきた人も多いでしょう。

周囲の車に比べてスピードが遅いと、隣車線だけでなく、自分が走行している車線の後続車にも迷惑がかかるので注意しましょう。スムーズに行うには、変更したい車線の「後ろから来る車の前に入る」のではなく「前を走る車にピッタリついて行く」イメージが良いでしょう。

車線変更の前に確認！

Step 1 周りの状況を確認する

まずは**車線変更する先の車線と走行中の車線の状況を確認**しましょう。前方だけでなく、後方もミラーで確認、流れをしっかりつかんでおけば移動も焦らずスムーズに行えます。

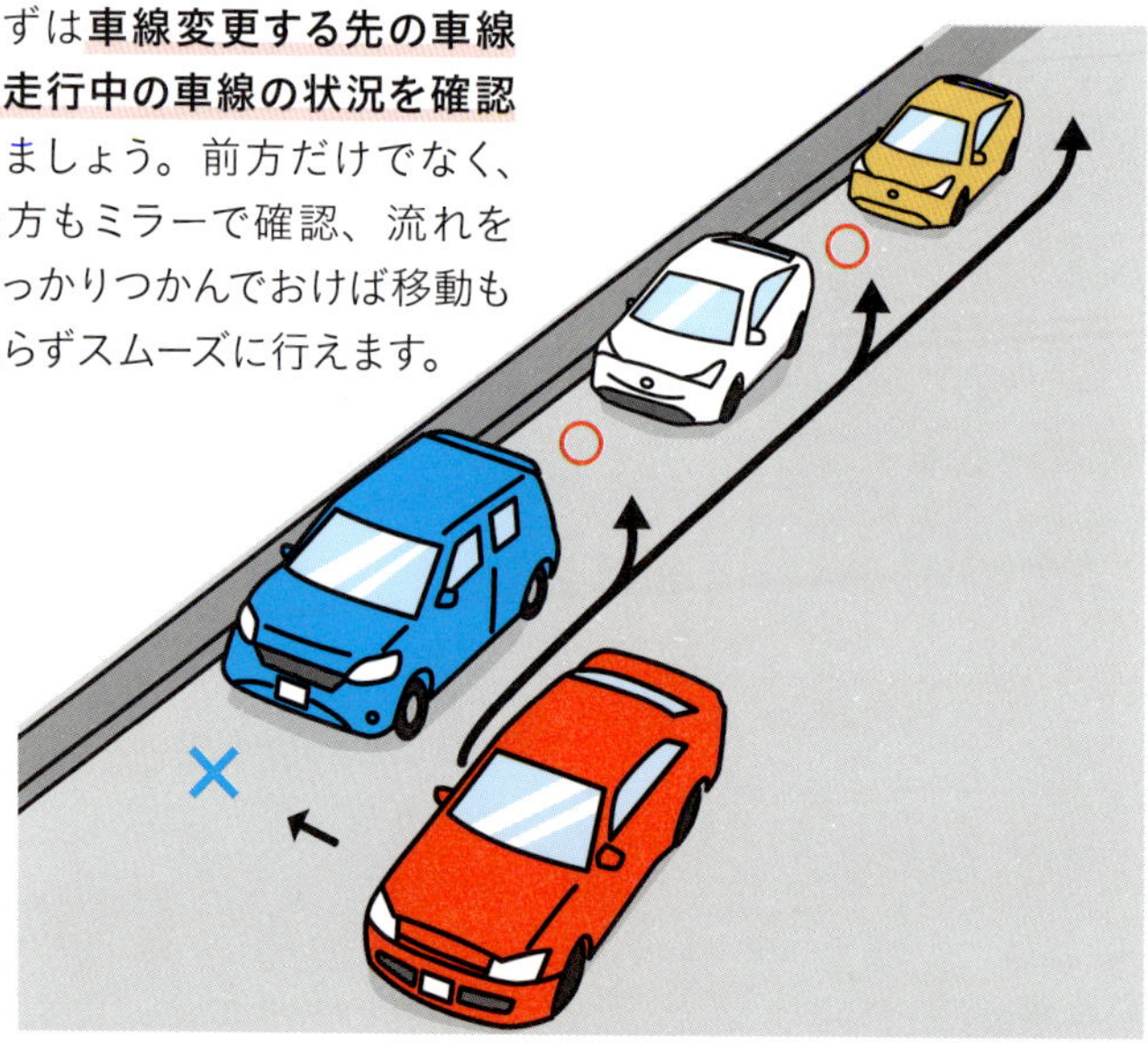

Step 2 入れるスペースを見極める

直近のスペースに入ろうと無理をすると、慌ててしまい上手くいかないことも。２台目３台目の間でも良いので、ゆとりを持ってできる場所を見定めましょう。

失敗しない車線変更方法

1 ウインカーで意思表示

入るスペースを決めたら**ウインカーを出し意思表示**を。後ろの車がスピードを緩めたり、車間を空けて譲ってくれる意思を示したら、そこに決める。

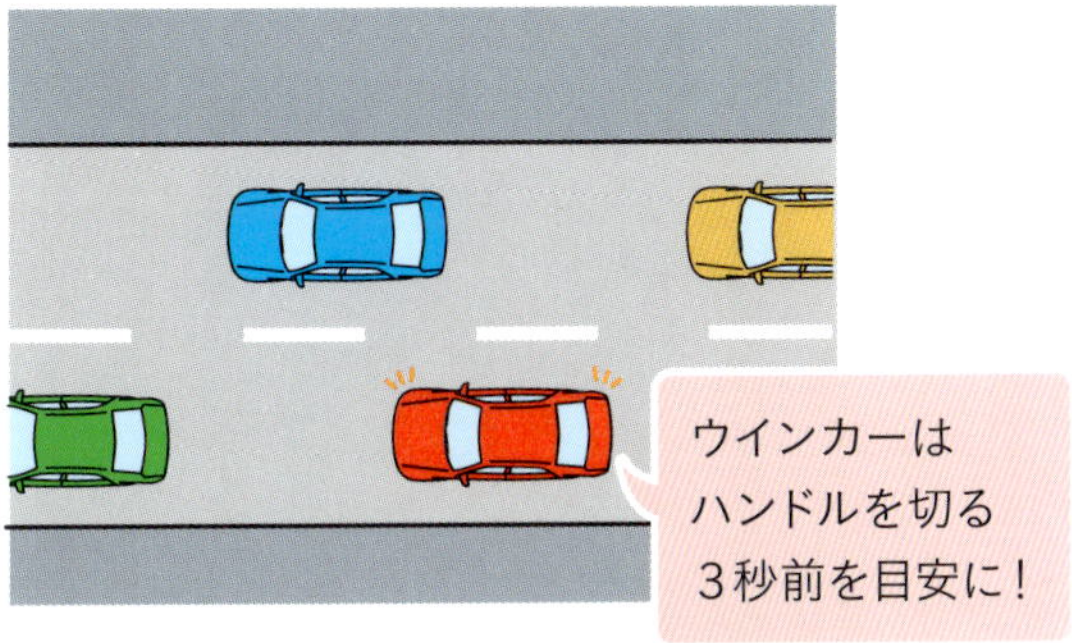
ウインカーは
ハンドルを切る
３秒前を目安に！

2 速度調整する

入りたい**スペースの前を走る車の後輪と、自車の先端を揃えるように速度調整**をする。上手くスペースが確保できなかったら仕切り直す。

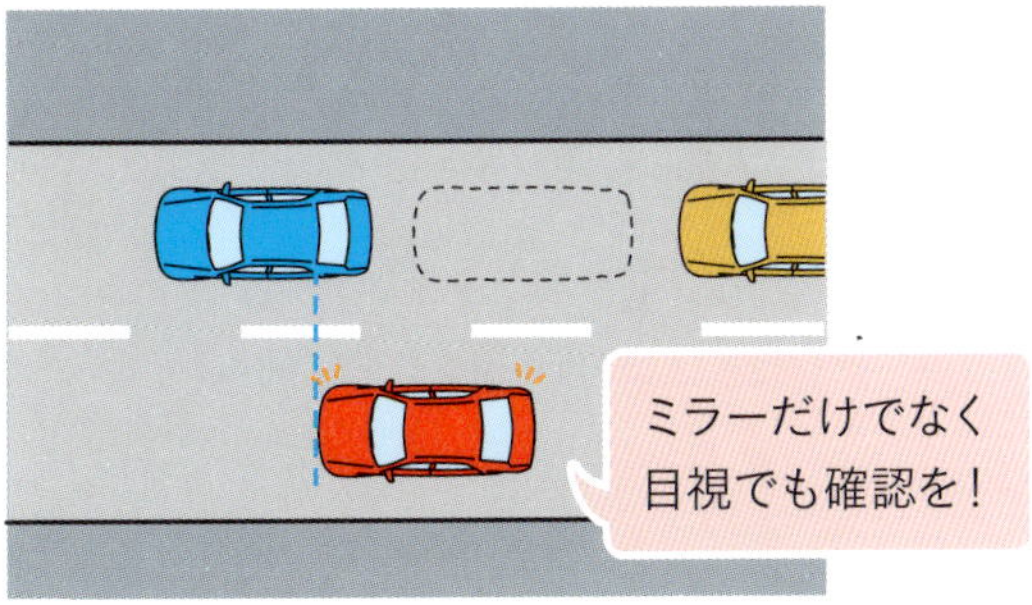
ミラーだけでなく
目視でも確認を！

3 移動を開始

後車の位置が変わらないことを目視でも確認しつつ、**法定速度内でスピードキープ**しながら入りたいスペースに移動を開始する。

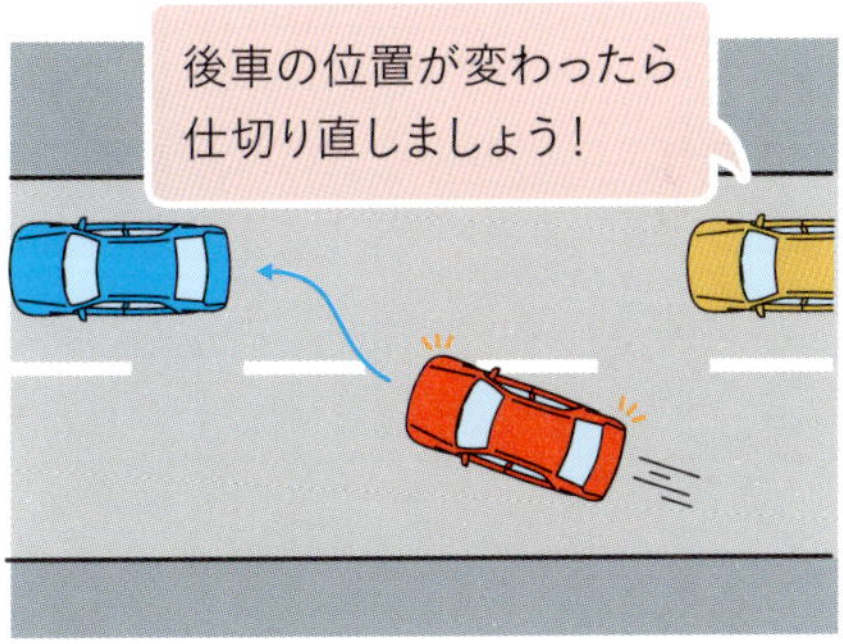
後車の位置が変わったら
仕切り直しましょう！

4 変更完了！

入れたら**素早く車体を直進状態に戻して**、車間が適正距離になるように、速度を調整して滑らかに走行を続ける。

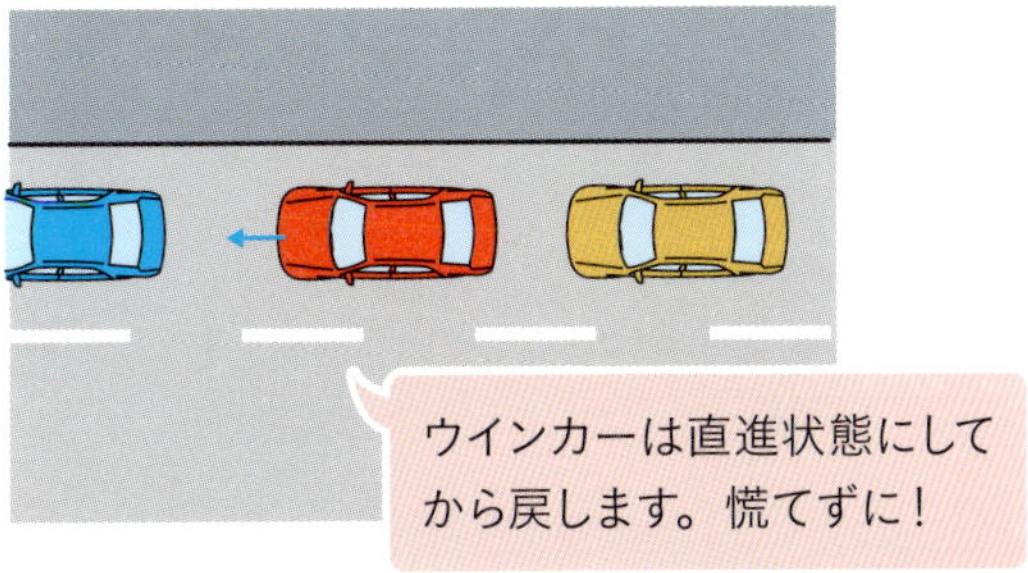
ウインカーは直進状態にして
から戻します。慌てずに！

次ページにつづく

周囲の車とスピードを合わせる

スムーズな車線変更に迷いは禁物です。数秒で状況を見極めたら、少し速度を上げて素早く移動しましょう。苦手意識が出てしまい、迷ってモタモタしていると、移動するのかしないのか判断ができず、周囲にも迷惑をかけてしまいます。

ここでは自信を持って車線変更できるよう、苦手に感じる人が多いふたつのシチュエーションで車線変更のコツを解説します。どちらのシチュエーションでも、大事なのは周囲のスピードに合わせること。速すぎると、自分でタイミングを取ることが難しくなります。逆に遅すぎても、合流先の最適なスペースを通り過ぎ、タイミングを逃してしまいます。

車線変更の苦手を克服する

苦手1 入るタイミングがわからない

車線変更のタイミングに悩む人は多いと思います。右のイラストで前後の車が半透明の位置にいるときに車線変更を始めましょう。それ以外の位置にいる場合は仕切り直し。後ろばかりに注意が行きがちですが、一点集中は避け、前後の流れの見極めが大事です。

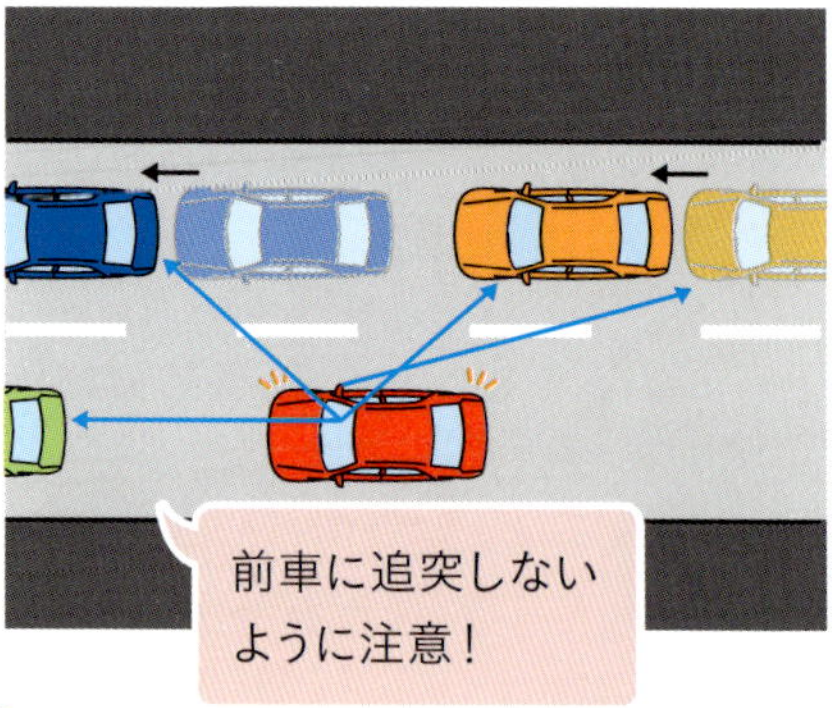

ベテランドライバーのためのポイント

高速道路の本線に合流する場合

高速道路の合流は、さらにスピードの調整が必要です。基本の車線変更ができていれば、決して難しいことではありません。まずミラーと目視で周囲の状況を確認しながら、**本線の速度に合わせて加速します。加速車線を使いながら速度を調整**し、普通の車線変更の要領で本線に移動すればOKです。

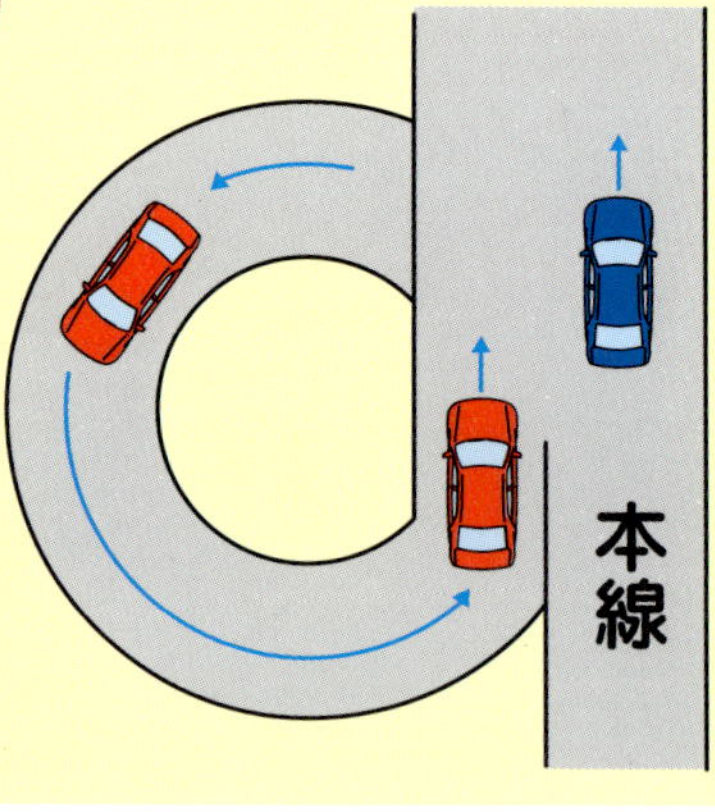

苦手2 渋滞で車線変更できない

渋滞中の車線変更で大事なことは、はっきりとした意思表示です。早めにウインカーを出して、移動したい側の車線に寄りましょう。このとき、**車を止めてしまうと入りにくくなり、後続車も停まらなければならないので、同様に入れにくくなってしまいます。**渋滞で車同士が接近している場合は、周囲のドライバーにアイコンタクトで車線変更の意思や、お礼を伝えても良いでしょう。

✕流れを止めたNG例

後続車が止まらないと入れない状態になり、流れを止めてしまった。

1 渋滞中

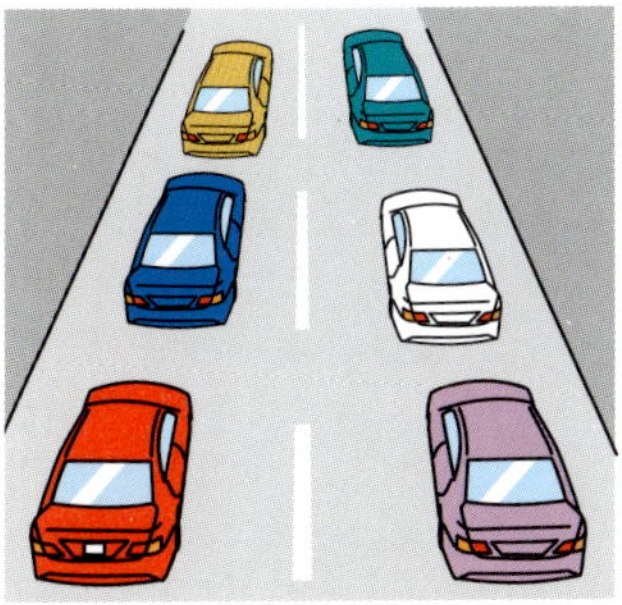

走る速度は遅いが、車はゆっくり流れている状態。

2 意思表示

ウインカーを出し、変更したい方に寄って意思表示する。

3 流れは止めずに

スムーズな車線変更のために、流れは止めないように注意。

4 ハザードでお礼を

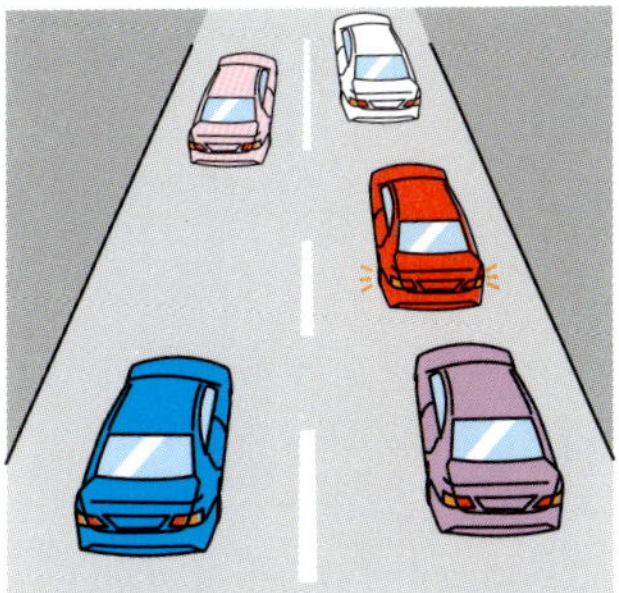

道を譲ってくれた後続車に対して、ハザードを2、3回点滅させお礼を伝える。

とくに注意したい夜間・夕暮れ時の運転

視界が悪くなる時間帯 安全な運転を心がけて

夜間や夕暮れ時は視界が悪くなり、身体で感じるスピードも鈍るため、とくに運転に注意が必要な時間帯です。早めのヘッドライト点灯は、事故を防ぐポイントのひとつです。ただし、ヘッドライトで照らされている範囲にも注意は必要です。日中とは違う道を走っているぐらいの心持ちで運転しましょう。

　また対向車がいる場合は、ヘッドライトの光に挟まれて歩行者が見えなくなる「蒸発現象」が起こる場合もあるので、注意が必要です。

危険がいっぱい！ 夜間運転

暗がりから人や
自転車が飛び出してくる！
道路に障害物が
落ちている！
道路のすぐ隣に
溝などの段差がある！

【 蒸発現象に気をつける 】

「蒸発現象」とは、対向車同士のライトの交錯により、間に挟まれた歩行者や自転車の姿が見えなくなってしまう現象のことです。蒸発現象そのものを防ぐことは難しいので、夜間ライトを点灯させての運転時にはいつも以上に左右に目を配り、歩行者や自転車の存在を常に意識して運転しましょう。

夜道や夕暮れ運転4つのポイント

【 急に現れる歩行者に注意 】

夜間はライトが当たるところしか見えないため、暗いところにいる歩行者や自転車は非常に見えにくい状態です。**視界に突然現れるように感じることもある**ため、すぐに止まれるようにスピードを落として走行しましょう。

【 太陽・ライトを直接見ない 】

夕暮れ時の西日や、ハイビームはまともに見てしまうと数秒間視覚を失うこともあるため、直接見ないようにしましょう。とくに山間部の場合、対向車の切り替えが間に合わないこともあるため、スピードには注意が必要です。

【 見通しの悪い道ではハイビーム 】

暗い路地や、山間部などのカーブの多い場所では、遠くまで確認できるハイビームを使用しましょう。遠くまで光が届くため、**周囲の歩行者や自転車、対向車に自車の存在を知らせ、接触が避けられる効果**もあります。ただし、油断してはいけません。

【 二輪車の存在に注意 】

視界が悪くなる夜間は、日中に比べバイクの存在がさらに確認しにくくなります。危険を避けるために、**普段より早い段階でウインカーを出して、後ろにいるかもしれないバイクに自車の動きを知らせる**ようにしましょう。

雨天時の注意点

周囲に気をつけ慎重に運転を

運転中に雨が降ってきたら、まずはエアコンを使って窓ガラスの曇りを取ります。冬の場合でも温度設定を高くして同様に行います。事前にウィンドウの外側を撥水コーティングしておくのも良いでしょう。

雨降りの運転で注意したいのが、水たまり。**跳ねた水が車に入った場合、立ち往生や事故の危険性があります**。また、軽自動車や普通車は大型車の後ろや横にいると、水しぶきで視界が悪くなることもあるので、避けるのが無難です。

水たまりに注意！

乗用車の場合、マフラーに水が入る25cm程度の深さの水たまりに入ってしまうと、立ち往生してしまったり、突っ込んだ瞬間に水たまりの方へハンドルを取られて、事故を起こしてしまう危険があり注意が必要です。深さがわからない水たまりには入らないようにしましょう。また、浅い水たまりでも徐行を心がけましょう。

雨が降ってきたら実施すべき5つのこと

1 スピードを落とす

雨が降るとスリップしやすくなるため、速度を十分に落としましょう。路面が濡れていると停止距離も長くなります。**車間距離も晴れているときより長くとる**ように。

2 歩行者や自転車に注意

水や泥を跳ね上げて歩行者や自転車にかけないように。また、**雨を避けようと歩行者や自転車が予期せぬ行動に出る**場合もあるため注意が必要です。

3 慣れた道でも安全確認を

雨が降ると見通しが悪くなります。走りなれた道でも、**いつもより気を配り安全確認**をしましょう。

4 急ハンドルやブレーキは厳禁

雨天時の**急ハンドルや急ブレーキはスリップに直結し、事故のもと**です。カーブではとくに注意が必要。

5 車両点検をする

雨天時に外出する場合は、**運転前にタイヤの溝やワイパー、デフロスターなどの確認**をしましょう。

ベテランドライバーのためのポイント

視界を確保するワイパー術

長年の間にワイパーの使用法が自己流になってしまっている場合が多いようです。この機会に基本のワイパー術をおさらいしましょう。**まずは視界を確保すること**。雨の降り方に合わせたワイパーの切り替えは、無用な事故を防いでくれます。

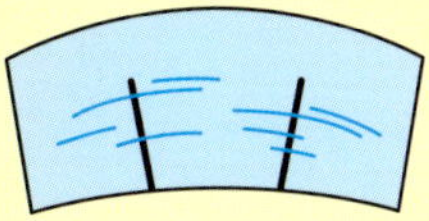

ハイ

ワイパーが左右に激しく動く。本降りのときや強い雨のときに使う。

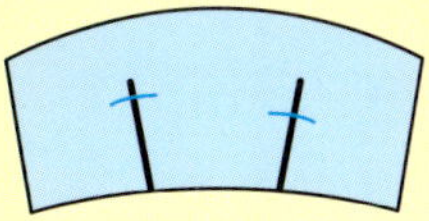

ロー

ワイパーが動き続ける基本状態。断続的に降っているときはここに合わせる。

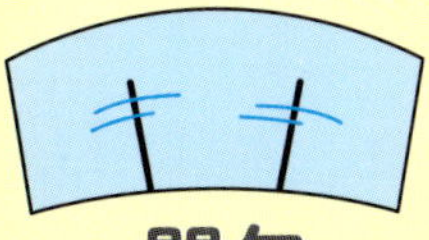

間欠

一度動いたあと、少し間をおいて動きを繰り返す。やみそうなときや小雨のときに。

交差点を安全に通過するために

入ってくる情報をひとつずつ整理

ベテランドライバーでも交差点に苦手意識を持つ人は多いと思います。若いときはそれほどでもなかったけれど、最近苦手になったと感じる人もいるかもしれません。確かに交差点は事故も多く、慎重な運転が必要。ここでは、安全な交差点の通過方法を再確認します。

まず、交差点では無理をしないことが第一です。たとえ渡り切らないうちに信号が赤になっても、数秒はすべての信号が赤です。焦らずに通過しましょう。

事故を防ぐ交差点の通り方をおさらい

1 交差点に進入する

車が流れているなら進み、止まりそうなら無理せずに進入を控えます。

2 交差点内の車の流れを確認

対向車線はもちろん、移動する先の車線や現在の車線、歩行者までの流れを確認します。

3 安全なタイミングで通過を

対向車や歩行者を確認したら、安全なタイミングで通過します。

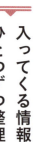

スムーズに右折を行うには

交差点の場合、日常の運転で最も緊張するのが右折かもしれません。右折を行う場合、まずは❶対向車に注意します。さらに❷その陰にバイクや自転車がいないか確認、そして❸曲がる先に歩行者や自転車が横断していないか確認、この3点が重要なポイントとなります。

また、時間制限などで右折禁止の交差点もあります。右側ばかり見ていると標識が左側しかない場合もあるため、注意が必要です。どうしても右折に苦手意識が出てしまった場合は、無理して交差点を右折せず、3回左折がおすすめです。交差点を通り過ぎた先で左折を繰り返し、目的の本線に合流する曲がり方です。

右折で注意すべきポイント

【 先の歩行者も確認！ 】

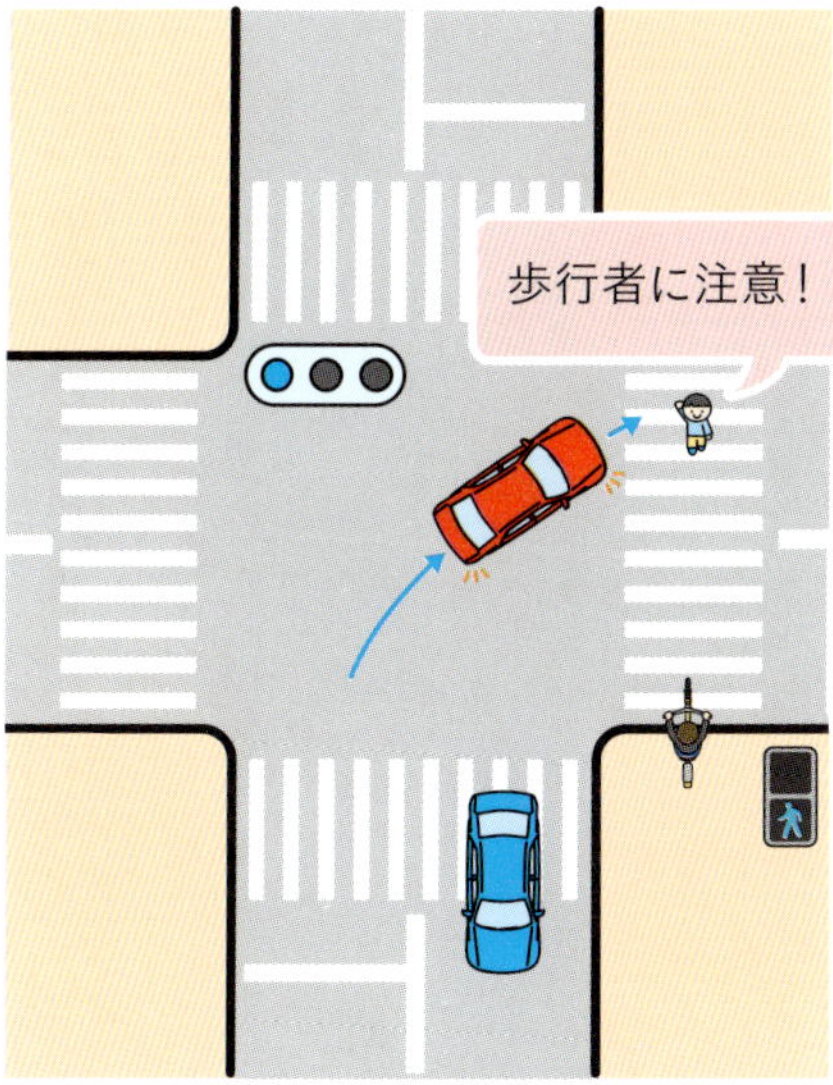

焦っていると、対向車は確認していても、**曲がった先の道を横断している歩行者や自転車を確認していない**ことが。赤信号になっても走り込んでくる人がいるため、確認した後も油断は禁物です。

【 陰から出てくる場合も 】

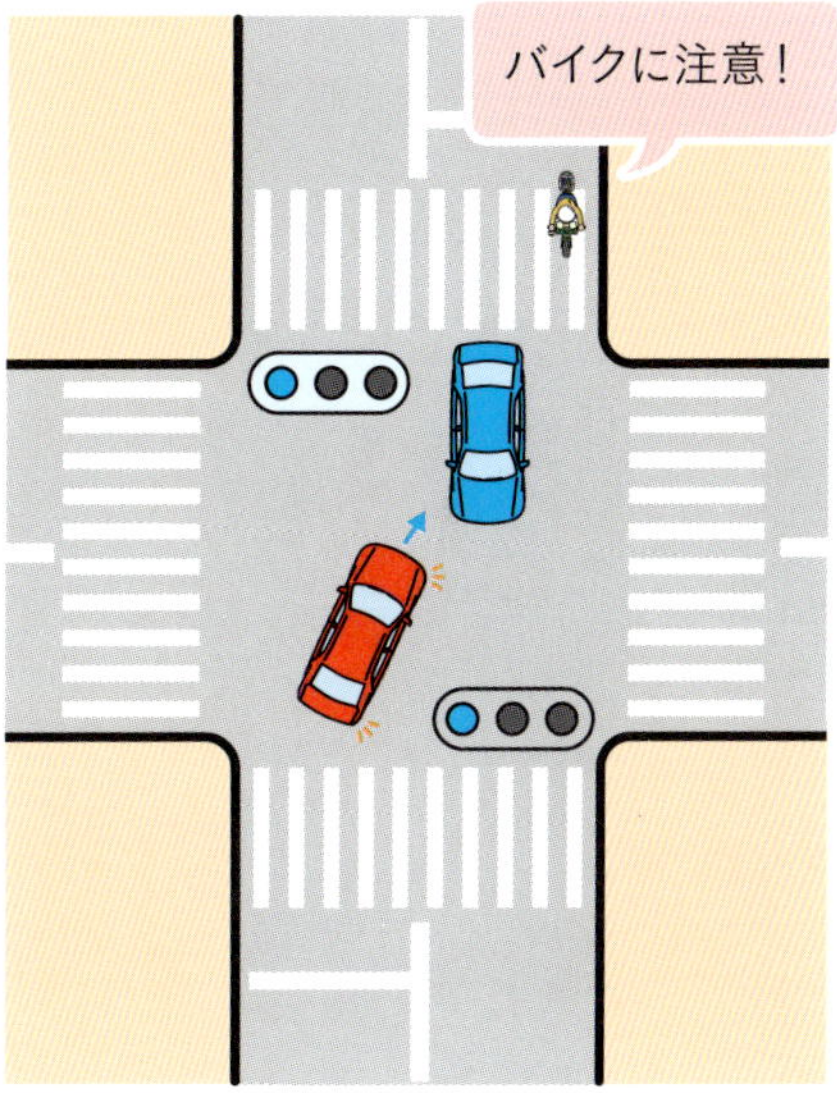

一時停止して、対向車だけでなく、**その陰にいるかもしれないバイクや自転車もしっかり確認**しましょう。対向車線が渋滞しているときは、ゆっくりだからと確認を怠りがちなので忘れずに。

次ページにつづく

左折時に気をつけること

左折する場合、まずは**巻き込み事故への注意が第一**。後ろからも確認できるよう、ウインカーを出します。路肩へ多少寄っても、そのわずかな隙間に入ってくるバイクや自転車は意外と多いものです。**ドアミラーだけでなく、目視でもきちんと確認**しましょう。

また、左折は右折に比べて小回りになるため、スピードにも注意が必要です。スピードを出しすぎていると、車体が想像以上に道筋を逸れ、事故につながることもあります。

左折が完了してからも横断歩道に注意しましょう。赤信号でも飛び込んでくる歩行者もいますので、すぐに止まれるよう低速で走行します。

左折時に潜む危険

【 赤になっても油断しない 】

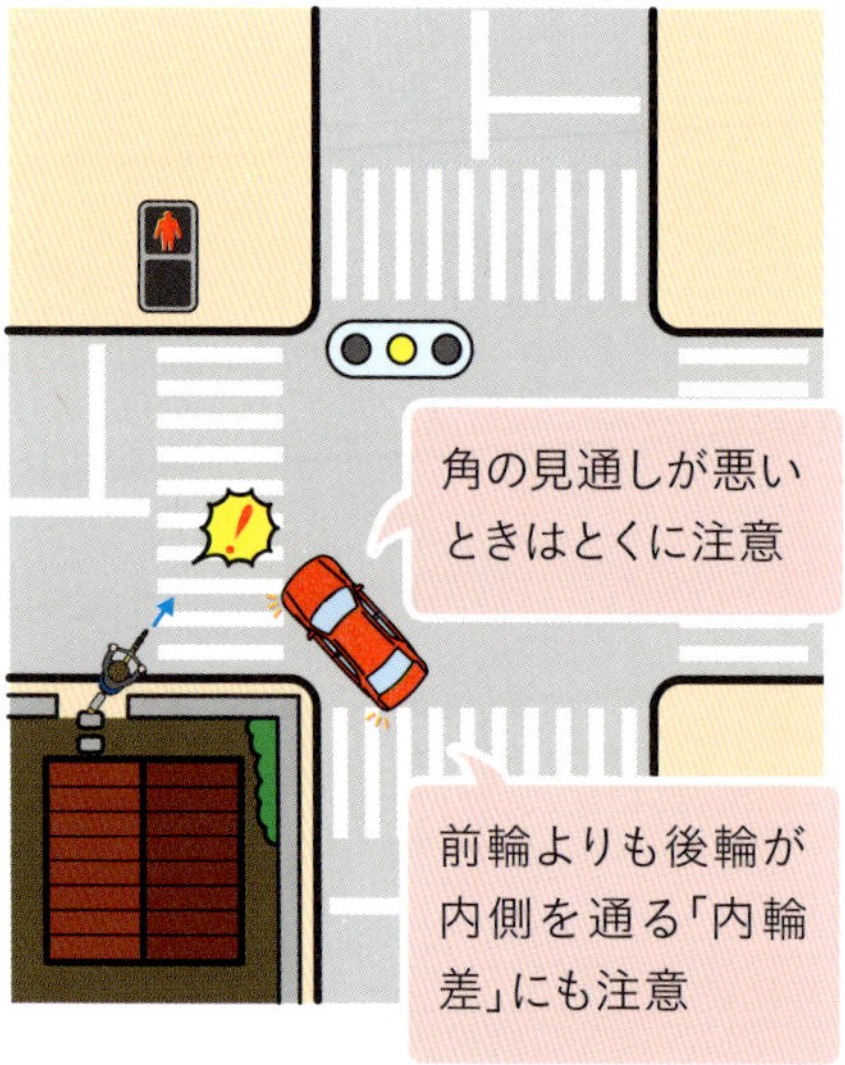

角の見通しが悪いときはとくに注意
前輪よりも後輪が内側を通る「内輪差」にも注意

歩行者信号が赤になっても渡ろうとする人は意外と多いもの。また、横断歩道でないところからでも飛び出してくる人がいます。油断はせずに、慎重な運転を。

【 巻き込み注意 】

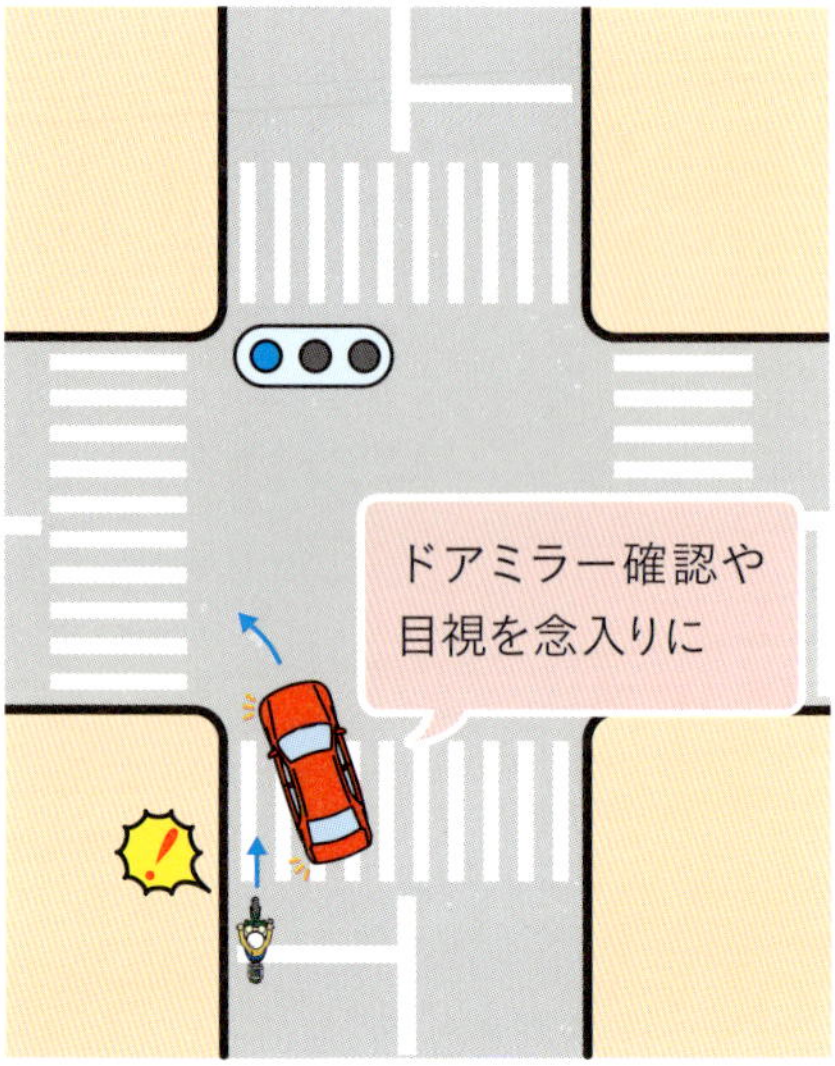

ドアミラー確認や目視を念入りに

ウインカーをつけて左側に寄せていても、そこに入ってくる自転車やバイクはいます。**一度では死角に入っている場合もあるので、安全確認は複数回**行いましょう。

信号のない場合はどうする?

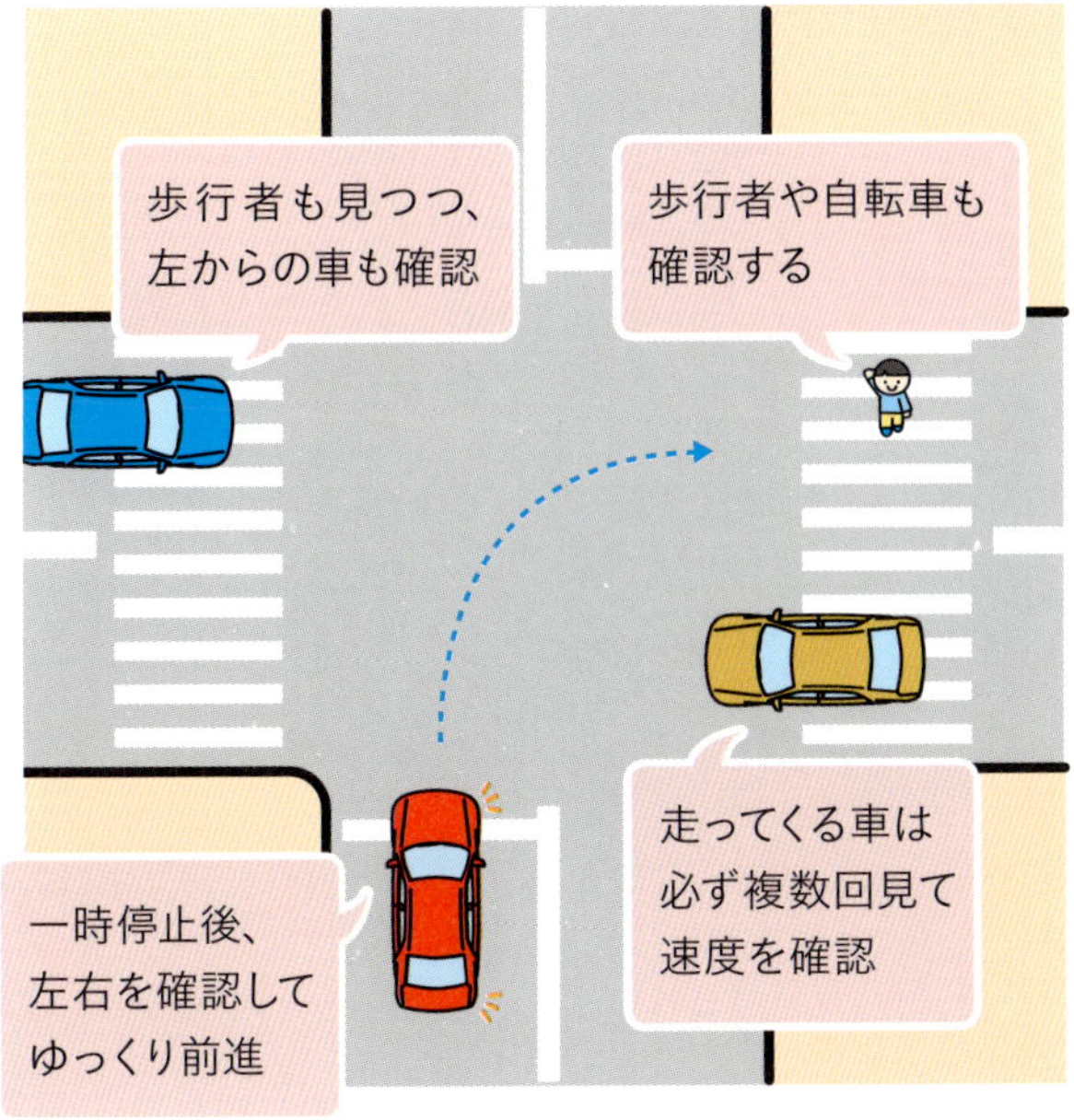

交通量が多いのに信号がない交差点はベテランでも不安に感じる人が多いはず。まずは左右から来る車に自車の存在をアピールするため、**ギリギリまでゆっくりと前に出ていきます**。路肩の線ぐらいまでバンパーが出たら、一時停止し、左右を確認して進みましょう。車だけでなく歩行者の確認も忘れずに。

わかりにくい時差式の場合は?

交差点の信号には、通常の信号の下に矢印が出たり、こちらは赤なのに向こうは青などというものがあります。**「時差式」「先発」「後発」と表示がある場合は、基本的には信号通りに走れば問題ありません**。矢印信号は、左折と直進が同時に出るとは限らないので認識しておくと良いでしょう。

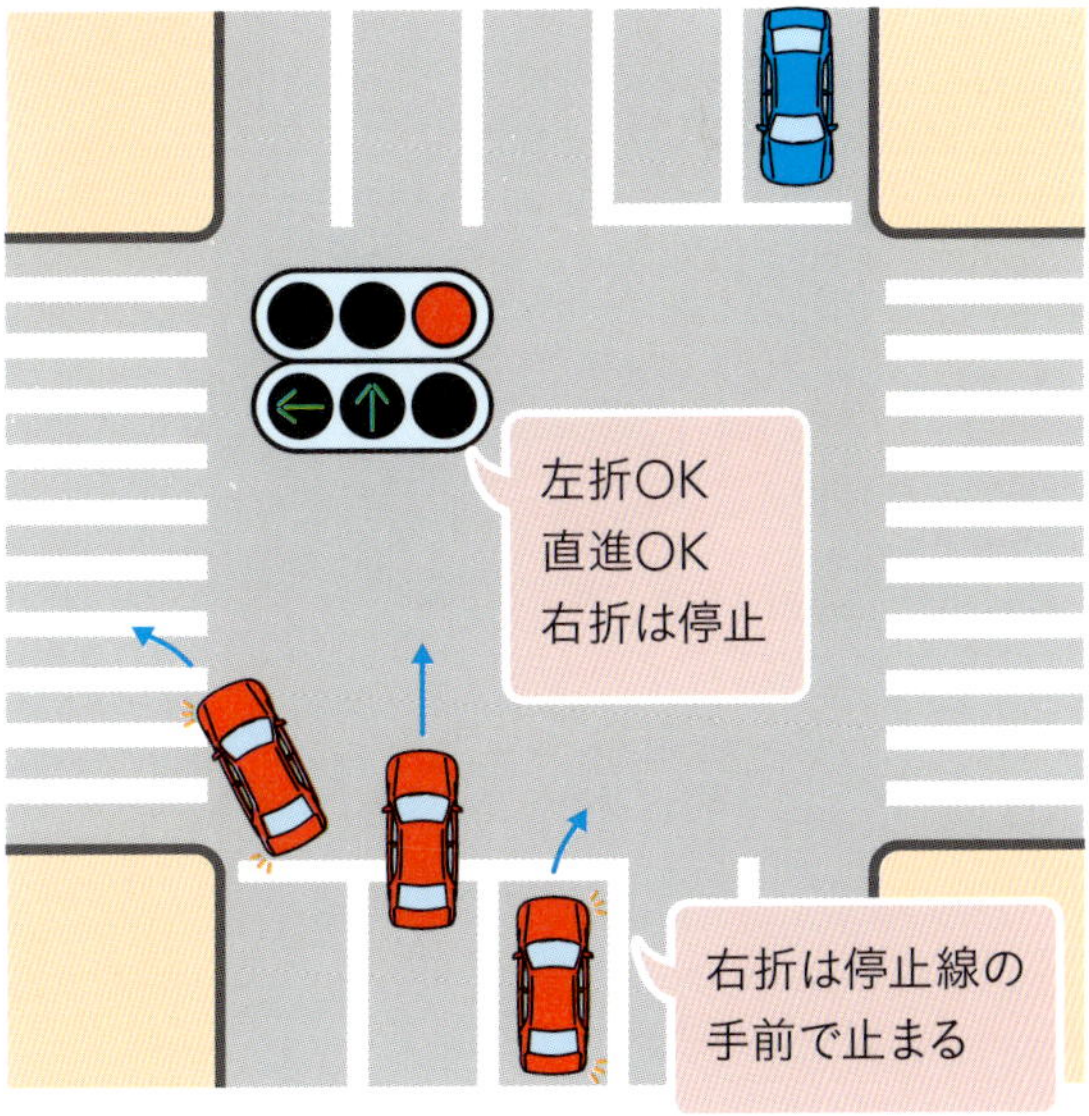

横断歩道と踏切の渡り方

運転に緊張がともなう場所 目視とミラーで確認を

横断歩道や踏切も細心の注意が必要な場所です。歩行者を巻き込んでしまったり、列車との衝突など大きな事故につながる危険があります。

交差点ではないのに横断歩道がある場所は、歩行者が多いので設置されている場合がほとんど。**人がいる確率が高いので常に周囲を確認して進みましょう**。スクールゾーンや商業施設に近い場合は、子どもも多く予期せぬ飛び出しがあることも。

踏切は取り残されると大事故に。十分確認してから進入しましょう。

安全な横断歩道通過のチェックポイント

① 横断歩道があるということは歩行者がいる可能性があるということ。飛び出しなど予測して注意を。

② 学校の近くなどには子どもが多い。
ふざけて車道に飛び出すこともあるので低速走行で。

③ 標識（➡P.65）や路上の標示（➡P.67）も確認して、周囲の状況を把握する。

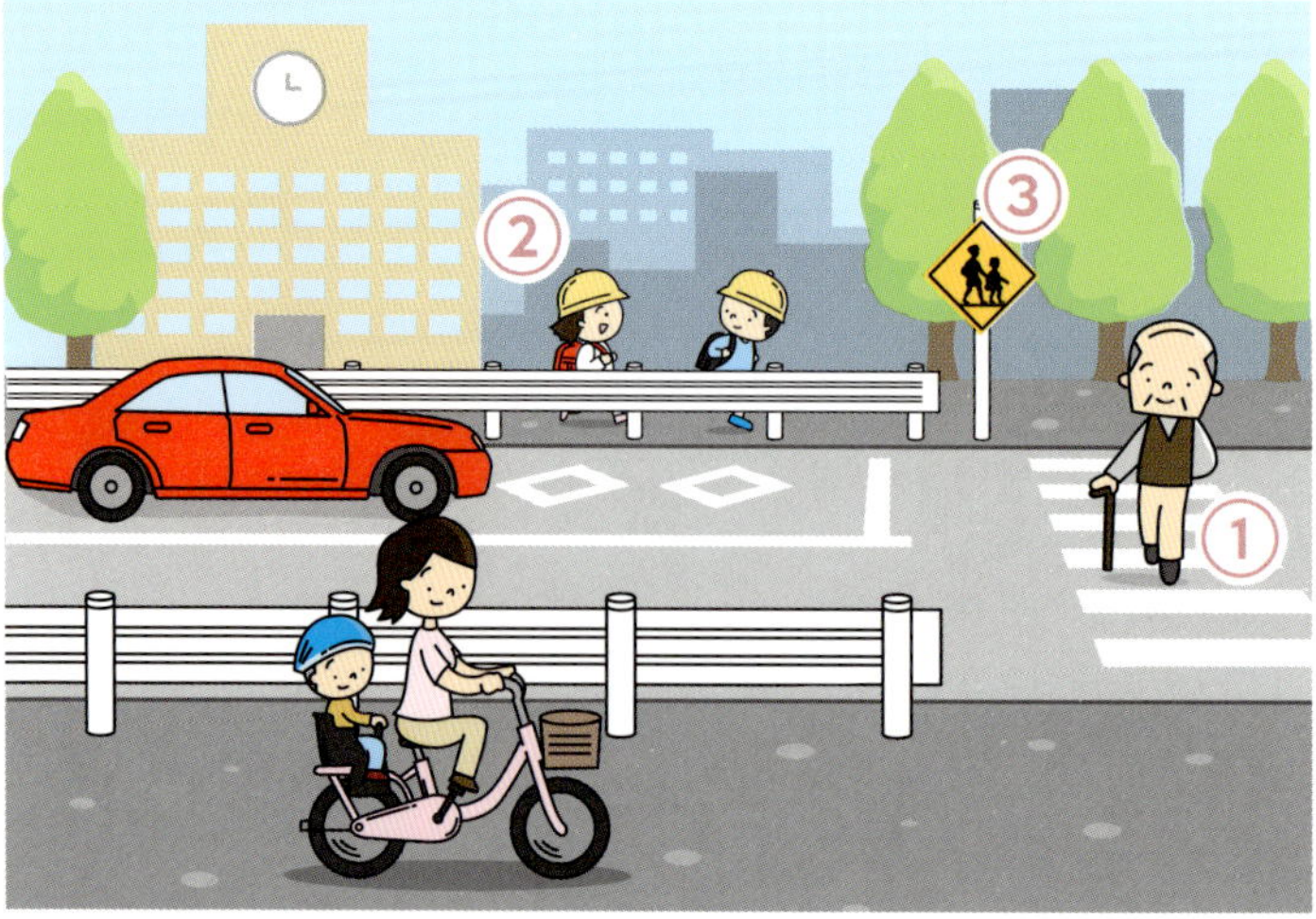

車道にあるひし形のマーク。これは「この先横断歩道あり」を示しています（50ｍ手前にひとつめ、30ｍ手前の距離にふたつめの標示）。このマークが視界に入ったら、速度を緩めましょう。

危険が多い踏切の通過時点

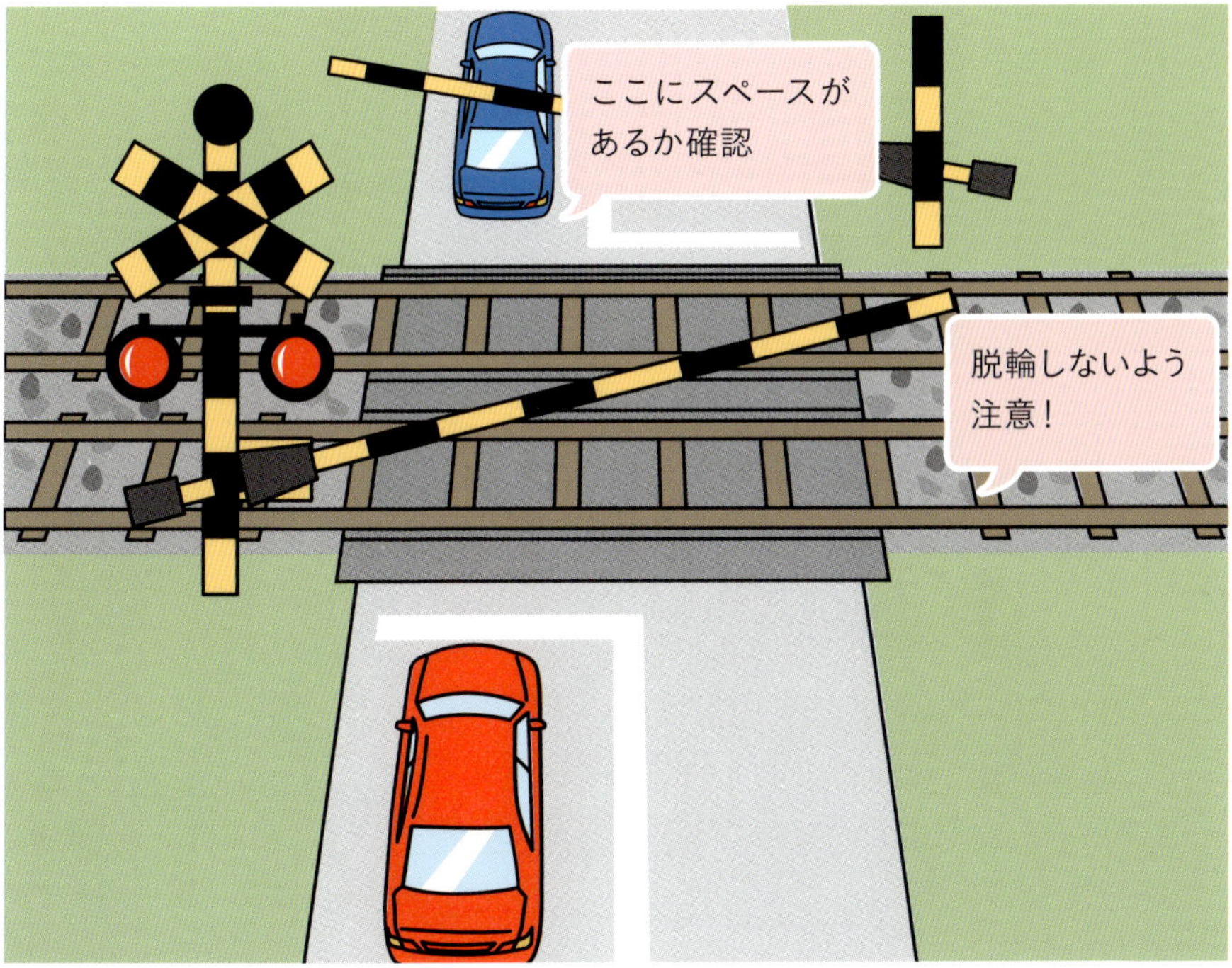

踏切を通過する場合は、**一時停止し列車の接近を確認することが大前提です。**その際は、窓を開けて遮断機の音や列車の音がしないか必ず確認をしましょう。**また、前車と遮断機の間に十分に空きがあるかなど前の様子を確認**してから進入しましょう。スペースがないまま侵入してしまうと、踏切内で止まってしまう危険があります。前方に信号があったり、起伏で距離を誤認しやすい場所はさらに注意して確認しましょう。

ベテランドライバーのためのポイント

渡りきれなかった場合どうする？

万が一、踏切を渡りきれなかった場合。脱出できそうなら、**遮断機のバーは押し上げて通れる構造なので、ゆっくり前進して通過**します。出られない場合は即退避して、警報装置を作動させます。車のお尻だけはみ出してしまった場合は、斜めになってでも回避を。路地や対向車線にはみ出しても構いません。

このような事態にならないためにも、渋滞している踏切内にはどんなに急いでいても入らないでください。とくに**ベテランドライバーのなかには「今まで大丈夫だった」と安全を過信しがち**になりやすい人もいるので注意しましょう。

苦手な駐車を克服する

コツをつかんで駐車の達人を目指す

長年運転していても、駐車が苦手と感じる人は少なくありません。また、ベテラン世代になって車両感覚がつかみにくくなり、苦手になった人もいるのではないでしょうか。しかし、サイドミラーと目視でよく確認して、焦らず行えば、決して難しいものではないはずです。

ここではさまざまな駐車方法をおさらいします。まずは前進駐車と後進駐車。AT車の場合はクリープ（アクセルを踏まなくても徐々に進む）現象を利用してゆっくり動きましょう。

まずは前進駐車をおさらい

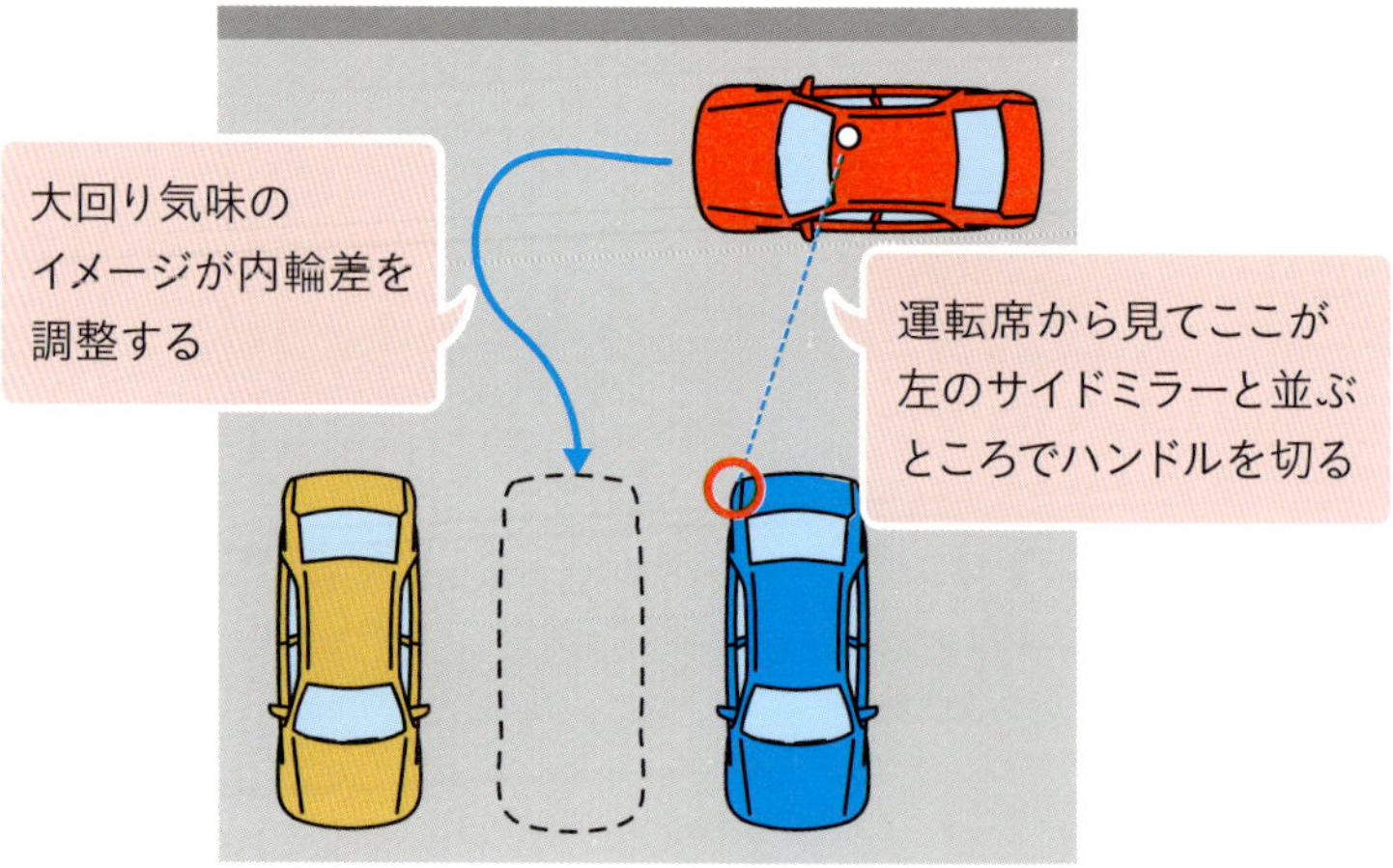
大回り気味のイメージが内輪差を調整する
運転席から見てここが左のサイドミラーと並ぶところでハンドルを切る

1. まずは、大きく回り込むために車を右に寄せる。
2. 入りたいスペース手前の車の、右後ろの角に自車の左のサイドミラーが重なるところで、ハンドルを左に目一杯に切る。
3. ゆっくりとアクセルを踏み込み、スペースに入る。
4. 左右に寄ってしまったら調整しながら、ハンドルを真っすぐに戻す。
5. 出るときは見通しが悪く安全確認が難しいので、左右を見ながらゆっくり出る。

失敗しない後進駐車

【 後進駐車 】

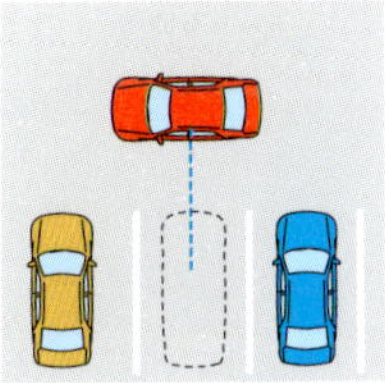

1

停めたいスペースの中心線に自分自身がくるように合わせ、ハンドルを右へ全開に切り、前進する。

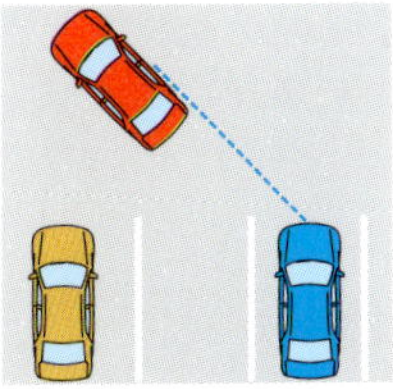

2

サイドミラーから右側の車のナンバープレートが見えたところで停める。

3

ギアをRにし、ハンドルを左に全開に切り、左右の車を確認しながらバックする。

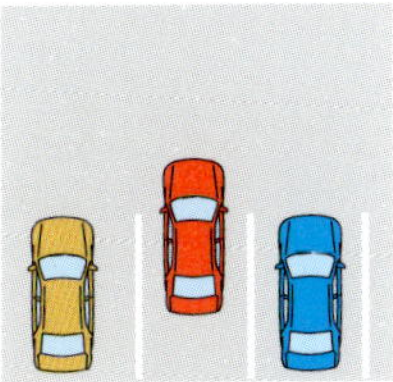

4

左右の車と平行、あるいはスペースのラインと平行になった時点でハンドルを真っすぐに戻してゆっくりバックする。

【 ワンタッチバック 】

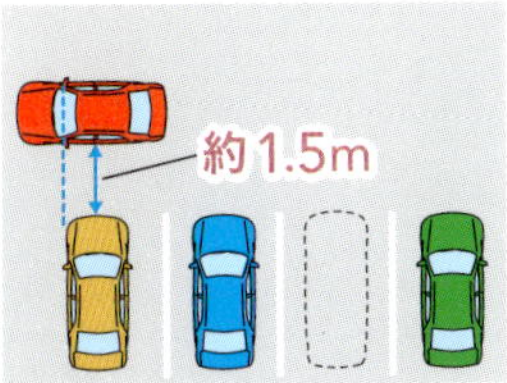

1

まず入りたいスペースの2台先の車の中心線と、自分の肩が合う位置で1.5mぐらいの幅を開けて停まる。

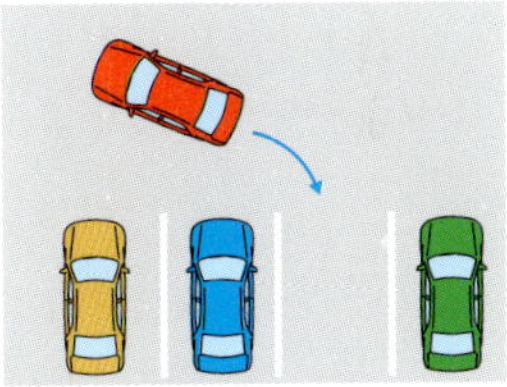

2

ギアをRにして周囲を確認しながら、左に全開にハンドルを切ってバックする。

3

ハンドルを回すのが早すぎたり、遅すぎたり、曲がり方が足りないと左右に寄りやすいので注意。

4

左右の車と平行、あるいはスペースのラインと平行になった時点でハンドルを真っすぐに戻して、ゆっくりバックする。

次ページにつづく

縦列駐車はココをおさえる！

道路左側に並べて停める縦列駐車は、ドライバーにとって最も苦手意識が高い駐車方法でもあります。流れの速い道路だと運転に慣れた人でも緊張するでしょう。縦列駐車の達人になるために、いくつかのコツをマスターしましょう。

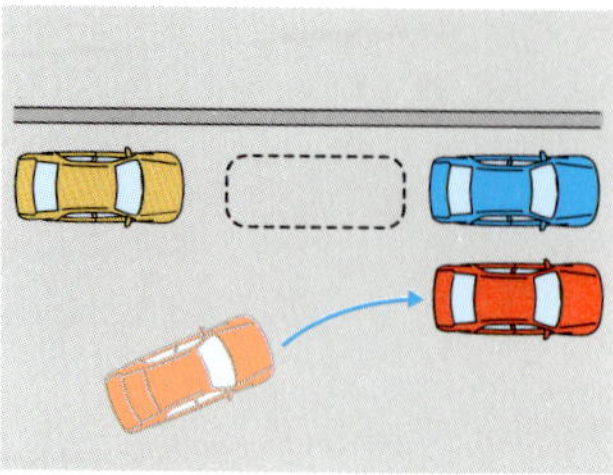

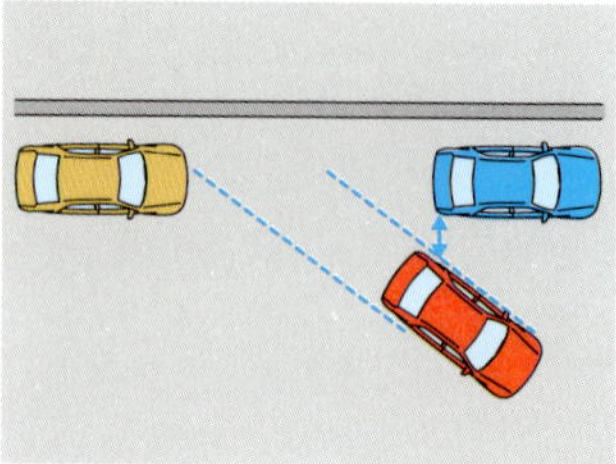

1 停めたいスペースの前車の横に平行につけ、サイドミラーを基準に位置を揃える。

2 ハンドルを左に全開に切ってバックする。右のサイドミラーから後車の前面が見えたらハンドルを真っすぐに。

3 真っ直ぐバックしながら右の後輪が停めたいスペースに乗ったところで停める。

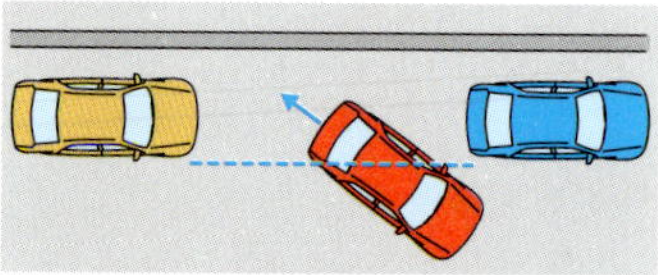

4 右全開にハンドルを切る。左前、左後ろ、右後ろの3点に注意しながらバックする。

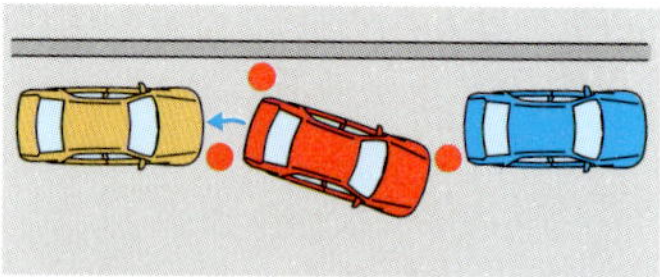

5 ハンドルを真っすぐに戻しながら、前後の間隔を調整する。降りるときは走行車に注意。出るときは前方にスペースがあることを確認してから、ハンドルを全開に切ってゆっくりと発進する。

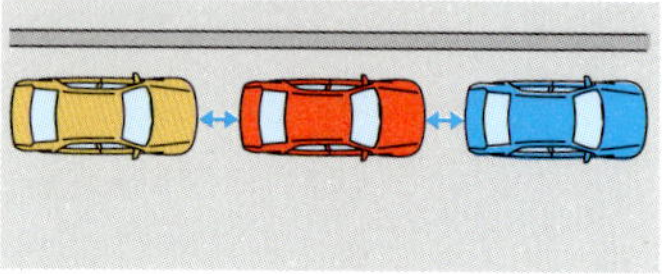

ベテランドライバーのためのポイント

苦手克服のために

車両感覚に不安がある人は、右記のポイントをおさえておくとよいでしょう。

- 手順3で気持ち深めにバックする。
- サイドミラーと目視で間隔を確認。
- 距離が掴めなかった場合、車を降りて確認する。

ベテランドライバーのためのポイント

車を入れやすい場所や駐車場はどんなところ？

駐車場は停める場所によって難易度が大きく違います。どうしても慣れているエリアに停めがちですが、実はほかに停めやすい場所があるかもしれません。もしこんな場所が空いていたら、一度試してみてください。

☑ ハンドル側が空いている

右ハンドルの場合、右側にスペースがあると、目視しやすく出入りが楽になる。

☑ 左右に駐車している

左右に車が停まっているエリアは、駐車の際に目標が定めやすいので停めやすい。

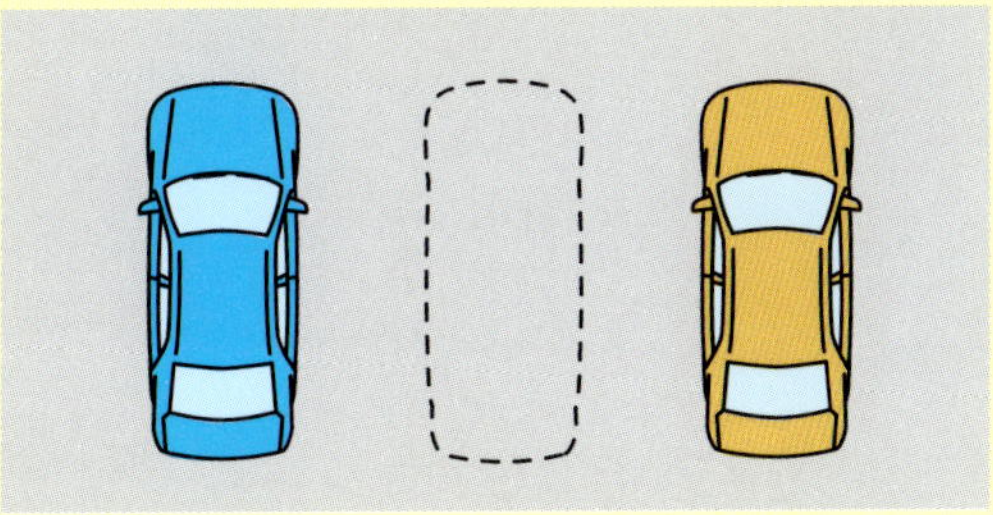

☑ スペースの広いところ

近くて狭い駐車場より、多少距離があっても駐車スペースが広い方を利用する。

☑ 前方に余裕がある

前方に空きがあれば、切り返しの際に真っすぐの体勢になれるので停めやすい。

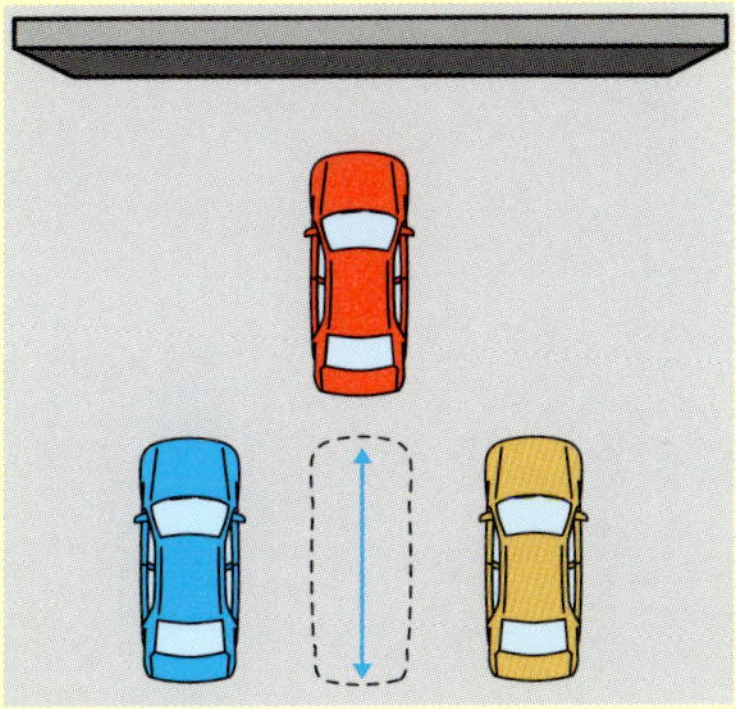

次ページにつづく

難易度の高い駐車場でうまく入れるコツ

駐車場には、車庫幅や車庫前の道などが狭く、操作が難しい場所もあります。車種や車体の大きさによって物理的に無理な場合もありますが、**基本の駐車方法の応用編**と考えて差し支えありません。

難しいと諦めてつい頭から突っ込んでしまいがちですが、出すときに苦労する羽目になりかねません。難しいときほど後進駐車を心がけましょう。駐車場攻略のポイントは3つ。**まずは目視で周りを確認。さらに、見えない場合は降りて確認をしましょう**。最後は焦ったり、諦めたりせず、**繰り返しリトライすること**。

ここで紹介する2つのシチュエーションを参考にしてみてください。

【 前方のスペースが狭い駐車場 】

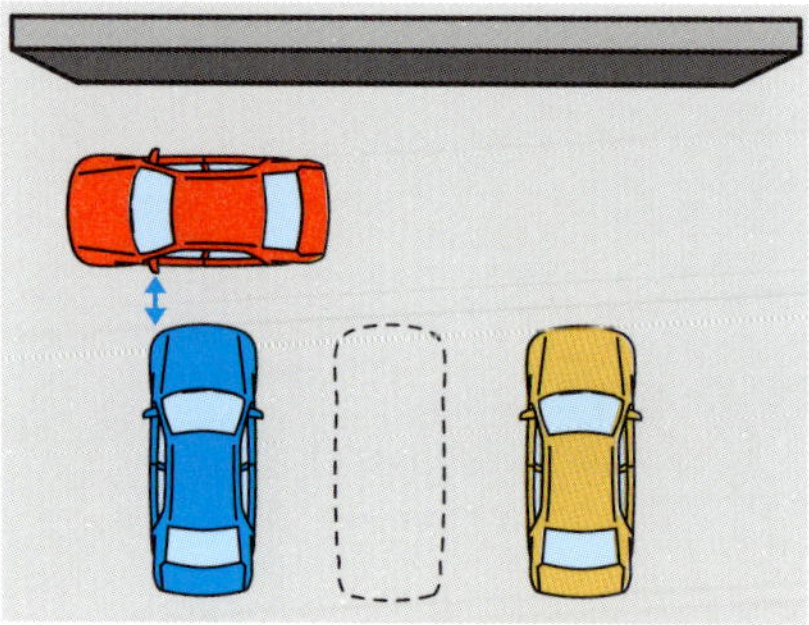

1 自車のサイドミラーを、入りたいスペースの左隣の車の前方左角と揃え、50㎝ぐらいに寄せる。

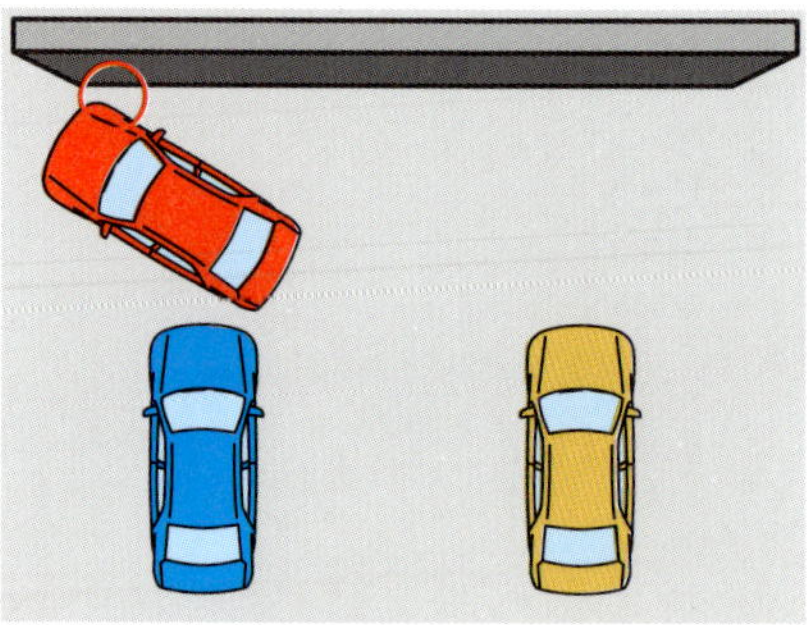

2 右にハンドルを切り、少しでも前に出す。前の様子がわからなければ降りて目視で確認する。

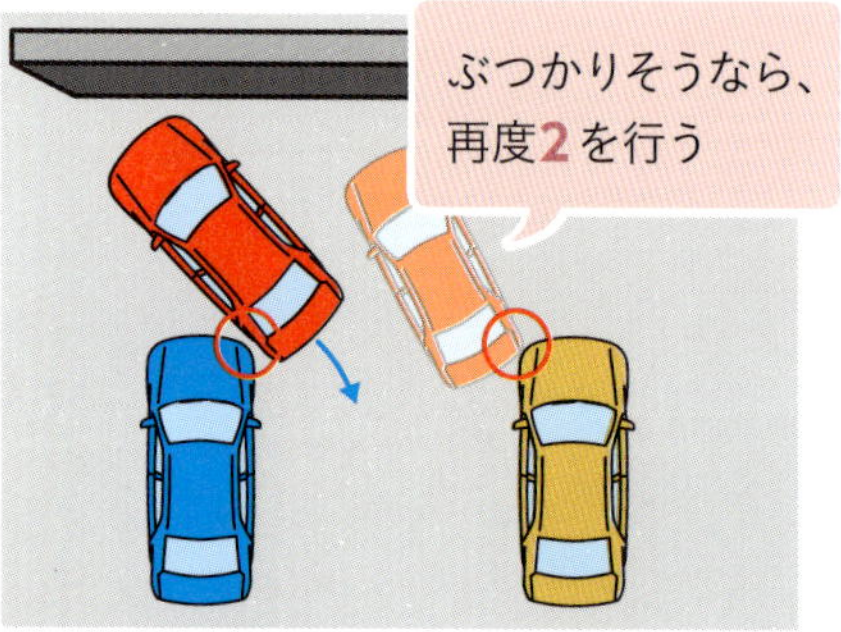

3 後輪が駐車スペースに入ったら、右に角度が取りにくい場合、右側の車に注意してバックする。

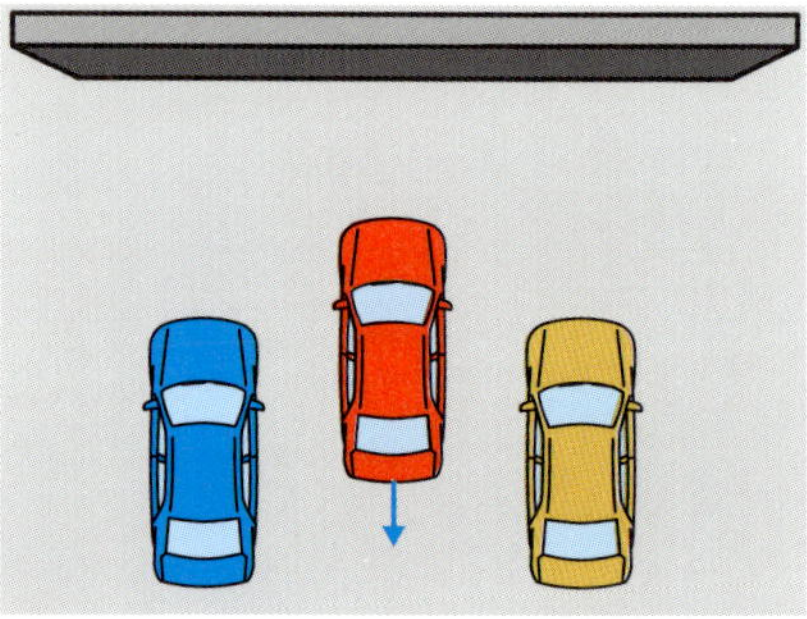

4 自車の車体がスペース半分まで入ったらハンドルを真っ直ぐに戻して、ゆっくりと入れる。

【 コの字型の狭い駐車場の場合 】

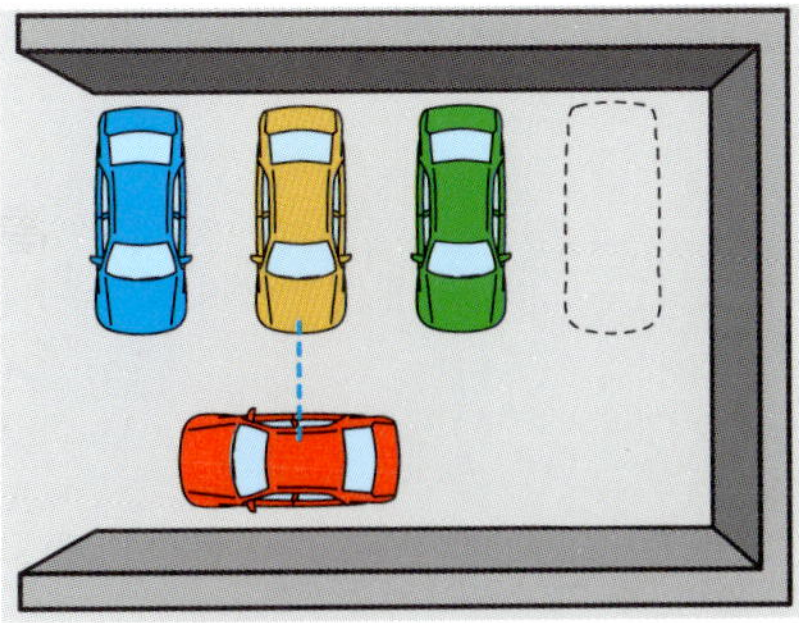

1 この場合、入り口からバックで入り、入れたいスペースの2台手前の車の中心線に自分の肩を合わせる。

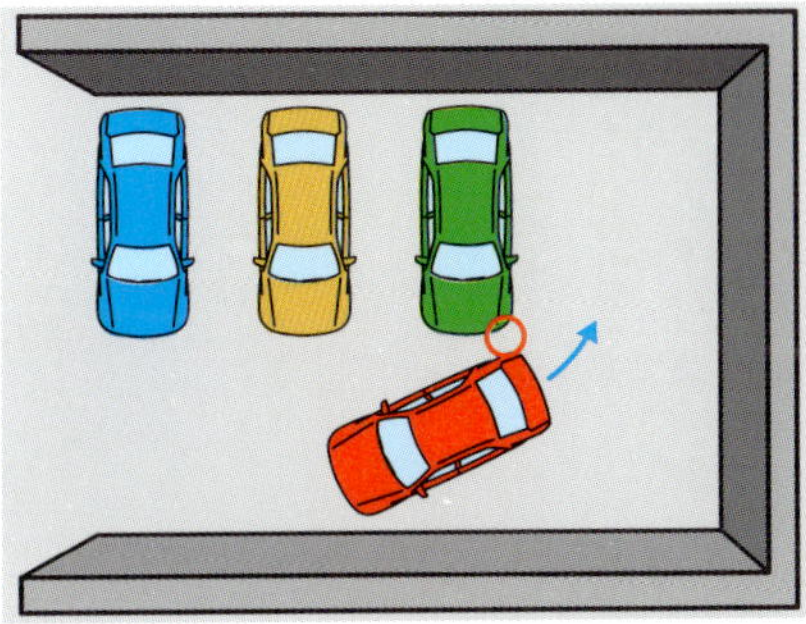

2 ハンドルを右に全開に切る。内側に寄りすぎることがあるので確認しながら進む。

3 左にハンドルを切り、バックする。後輪が駐車スペースに入ったら、左右に注意して、徐々にハンドルを戻す。

4 両サイドはサイドミラーと目視を繰り返し、車体が真っすぐになったらハンドルを戻して入れる。

ベテランドライバーのためのポイント

駐車場はパズルの要領で

混んでいる駐車場で一台分だけ空いている場所が、角の狭い場所だったり、一番奥で出入りしにくい場所だったという経験をしたことがある人は多いと思います。

また、入口に段差があったり、全体的に傾斜していたり、電柱や標識が邪魔な場所に立っていたりと、難しい駐車場は案外多いものです。

そんな場合でも塀のわずかに凹んでいる部分を利用して少しでも大きく向きを変えたりして、必ずうまく入れる方法があるはずです。**パズルを解くように、駐車方法を探ってみましょう。**ベテランドライバーならではの経験をフル活用してみてください。ただし物理的に不可能な場合もあるので、無理は禁物です。

次ページにつづく

タイプ別駐車場の利用法

ショッピングモールや病院、スーパーなど、施設によって駐車場のタイプはさまざまです。タイプによって停め方のコツも変わってきますが、ベテラン世代になって以前と停めやすい・停めにくい駐車場が変化してきたというドライバーも多いかもしれません。

いま一度、タイプ別に停め方のコツをおさらいしてみましょう。日常で一般的によく使われる駐車場のタイプは4つ。主に施設に併設される「タワー式駐車場」と「立体駐車場」。路上や道路沿いにある「路肩のパーキング」と「コインパーキング」になります。それぞれの特徴を下の表で見ていきましょう。

駐車場の種類別ポイント

タイプ	利用法	注意点
タワー式駐車場	車を乗せた機械の「トレイ」がタワー内を移動する	✓係員に従っても「トレイ」に入れるのが難しいことも ✓高さや幅の制限が厳しいところも
立体駐車場	スロープで移動し、停めたい階に駐車する	✓柱などで見通しが悪かったり、駐車が困難なことも ✓天井の都合で全高に制限があることも
路肩のパーキング	幅広い道路の路肩部分を利用した駐車場 チケット式と直接支払うものがある	✓駐車時間に制限があることが多い ✓道路事情によってスペースがギリギリのことも
コインパーキング	形態や料金はさまざま。場所によっては長時間停めると高くなる場合があるので要確認	✓ロック板形状によっては、地上高に制限がある

駐車の苦手をなくすコツ

【 タワー式駐車場 】

係員が誘導し、回転台や鏡などがあるが、視覚的に狭く、プレッシャーも。トレイにタイヤやホイールをこすりやすいので、車体を真っすぐにしてから入れる。

【 立体駐車場 】

天井がやや低く、車種別にエリアが指定されている場合もある。柱が多いため、駐車するときにぶつからないように注意する。

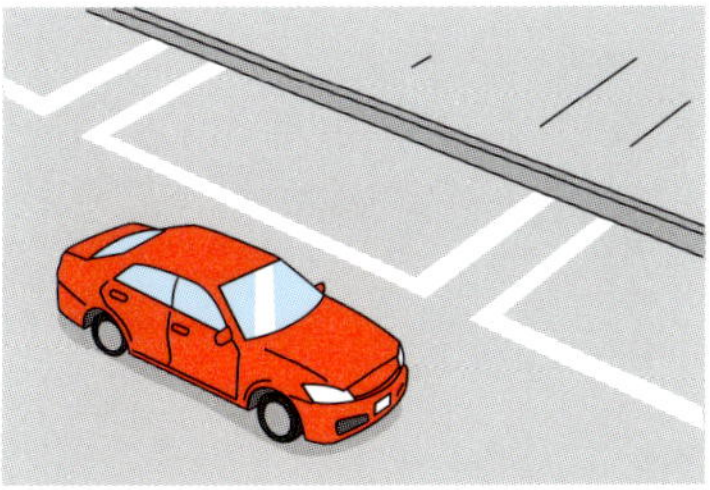

【 路肩のパーキング 】

道路事情によっては、スペースや前後の間隔が狭い場合もある。縦列駐車の要領で停めるが、繁華街の場合は歩行者や周りの車に注意する。

【 コインパーキング 】

枠線ではなくパイプ状の防護柵が設置されている場合もある。後輪がロック板を越えたところですぐに停められるよう、アクセルの踏み込みすぎに注意。

ベテランドライバーのためのポイント

邪魔にならない駅前での駐車方法

日ごろ外出の手段として活躍する車。駅前に友人や家族を迎えに行くことも多いのではないでしょうか。人や車、バスなどで混雑する駅前で、歩行者や車の流れを極力妨げずに一時停車するには、まずは**バス停前・タクシー乗り場は避ける**こと。また、**人が停めている場所に二重停車する**ことも厳禁です。交通量の多い場所では何があるかわかりません。一旦停めても、すぐ移動できるようハザードランプをつけて車から離れないようにしましょう。

気をつけたい長年のクセ

ベテランはとくに注意！事故に直結する場合も

長年運転してきたベテランドライバーが気をつけたいことのひとつに「MY道路交通法」とも言える悪いクセや習慣があります。

例えば、近所のいつも通る交差点で、道路状況がわかっているからと一時停止を行わなかったり、体の軸を斜めにして見通しの悪い姿勢で運転したりしていませんか？

シルバー世代になり、事故につながりかねないマイルールはすぐにでも直す必要があります。もう一度安全な運転について考えてみましょう。

こんな行為も交通違反

タバコを吸うために
片手で運転している！
運転席・助手席の
ヘッドレストを
つけていない！
爆音でステレオを
鳴らしている！

その他、こんな交通違反も

- 走行時に水たまりや泥をはね、歩行者にかかった
- 信号で停まっているときも、携帯電話を操作した
- 歩行者や対向車がいるのに、ヘッドライトをハイビームにしたまま走行した

50年の空白期間で自己流運転に

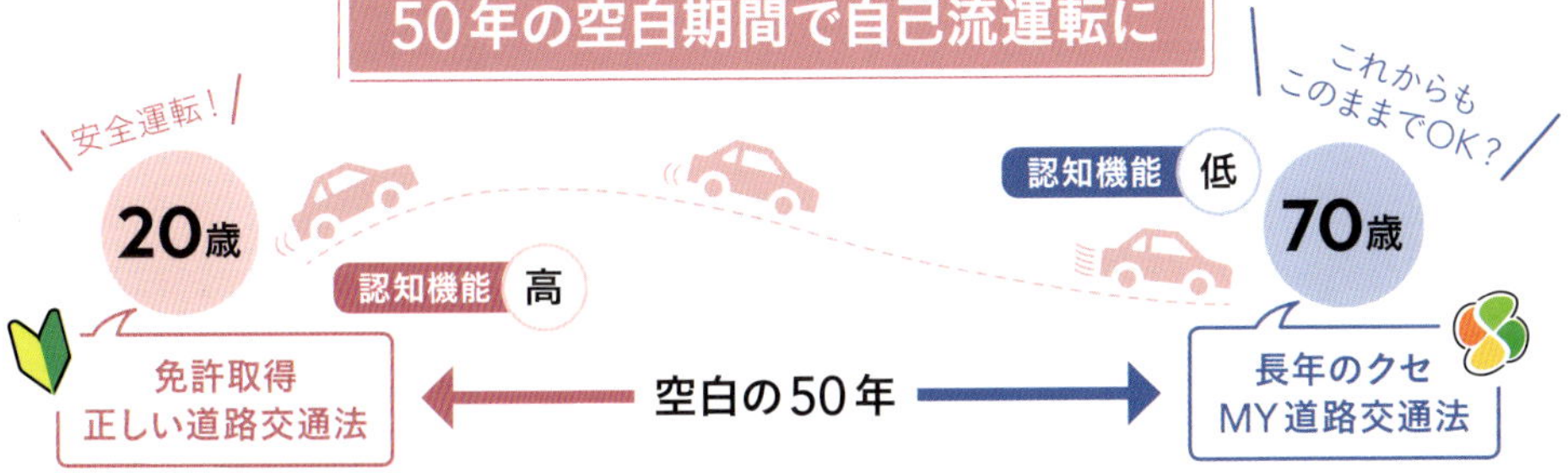

普通自動車の運転免許は、一度取得すると更新するのに取得時のような試験はありません。若いときに免許を取ると、通常はベテラン世代まで乗り続けることができると言えるでしょう。免許を取ってからベテラン世代になるまでの50年、誰にもチェック・指導を受けることがないため、**自己流のクセや習慣が身についてしまう**ことも多いのです。一度ついた悪いクセはなかなか直りません。運転寿命を延ばすためにも、自分の運転を見直しましょう。

クセ	どんな悪影響があるか?
姿勢	姿勢が悪いと頭の位置がずれて見通しが悪くなったり、正しい車両感覚が把握できなくなったりします。また足の位置もずれてしまい、ブレーキとアクセルを踏み間違えることも。
履物(サンダルなど)	履いているものでブレーキの停止距離が大きく変わってきます。また、サンダルやハイヒールなどのつま先やかかとのない靴で運転することは、交通違反になります。
一時停止しない	交差点などで一時停止せず進入すると事故に遭う確率が高まります。必ず一旦停まって前後左右の確認をしてから進みましょう。
無灯火	街が明るいのでライトをつけないという場合、暗い路地に入った途端、見えなくなりますし、対向車や歩行者からも自車が確認できなくなります。暗いところでのライトは必ずつけましょう。
ウインカーを出さない	後続車など周りの車も歩行者もあなたの動きが読めません。事故に直結するので今すぐやめるべきです。

よく見かける標識・標示を再確認

誤解しているものもある？ 正しい意味をおさらい！

長年車に乗っていても、実は意味がよくわからなかったり、思い違いをしている標識や標示は多いものです。例えば「落石注意といわれても上を見ながら運転できないし、よけられない」と思いがちですが、あの標識は落ちている石にも注意してくださいという意味があるのです。

また、**新しい標識が加わったり、英語表記が加わったものもあります**。警察や国土交通省のサイトなどで確認できますので、定期的に確認してみることをおすすめします。

標識はこう読む！

【 一方通行 】

青が目立つ場合は、
〜できるという意味。

【 右方向屈曲あり 】

黄が目立つ場合は、
注意、警戒の意味。

【 車両進入禁止 】

赤が目立つ場合は、
基本的には禁止の意味。

【 補助標識 】

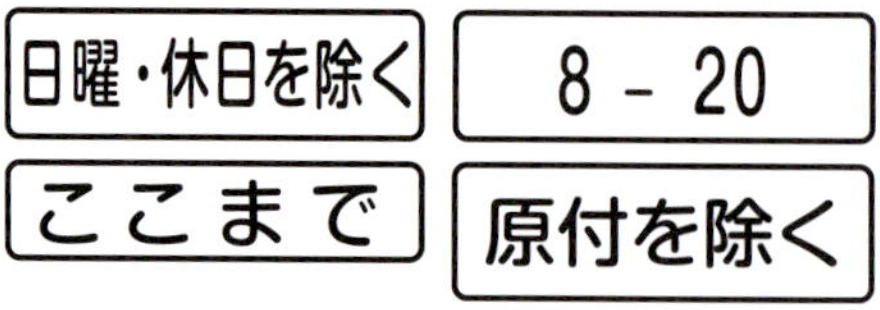

標識の下についている。
標識の内容にプラスした意味になる。

8〜20時の間は、
車両進入禁止の意味。

次のページから標識・標示の一部を紹介します。見落とした場合は違反になることもあるので、しっかり確認するようにしましょう。

標識　【規制標識】

規制、禁止、制限などを知らせている標識。特定の方法に従って通行するように指示。

通行止め

車両通行止め

二輪の自動車以外の自動車通行止め

大型貨物自動車等通行止め

特定の最大積載量以上の貨物自動車等通行止め

大型乗用自動車等通行止め

二輪の自動車・原動機付き自転車通行止め

大型自動二輪車および普通自動二輪車二人乗り通行禁止

自転車以外の軽車両通行止め

自転車通行止め

車両(組み合わせ)通行止め

車両横断禁止

転回禁止

追い越しのための右側部分はみ出し通行禁止

追い越し禁止

駐停車禁止

駐車禁止

駐車余地

時間制限駐車区間

専用通行帯

文字による表示例

路線バス等優先通行帯

進行方向別通行区分

環状の交差点における右回り通行

次ページにつづく

【 補助標識 】

標識の下にとりつけて、
標識の意味や内容を補助する。

始まり

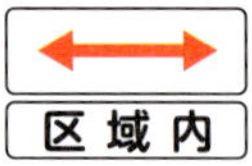

区間内・区域内

終わり

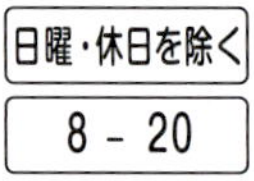

日・時間

車両の種類

【 案内標識 】

目的地までの方向や方面、
道路名などを示している。

国道番号

(主要地方道)

(一般都道府県道)

都道府県道番号

道路の通称名

入口の方向

方面と方向の予告

【 警戒標識 】

通行中に警戒すべきこと、
注意することを促している。

右(左)方背向屈曲あり

右(左)方背向屈折あり

右(左)つづら折あり

踏切あり

学校、幼稚園、保育所等あり

二方向交通

十形道路交差点あり

ト形道路交差点あり

T形道路交差点あり

Y形道路交差点あり

ロータリーあり

右(左)方屈曲あり

右(左)方屈折あり

標示

【 規制標示 】

特定の通行を禁止、指定する。道路に直接書かれているので、見落とさないように。

右左折の方法

停止線

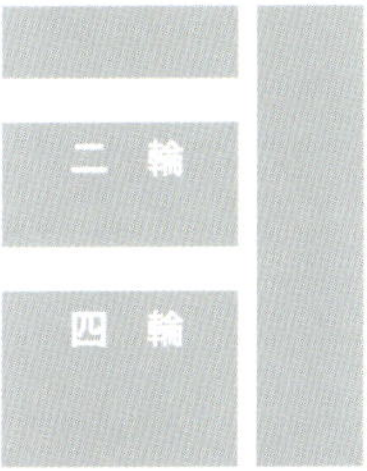

二段停止線

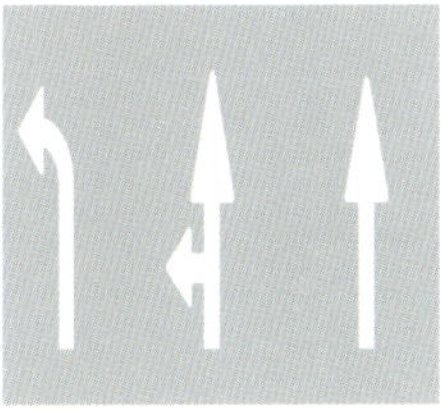

進行方向

車両通行区分

専用通行帯

路線バス等優先通行帯

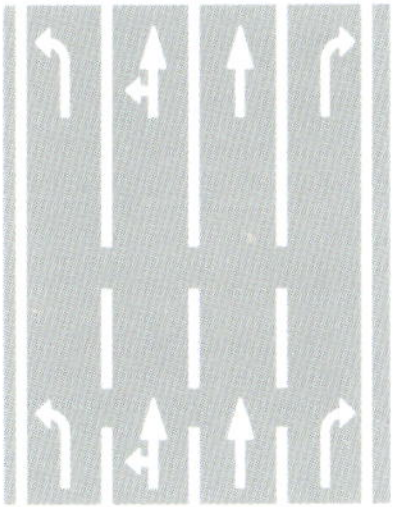

進行方向別通行区分

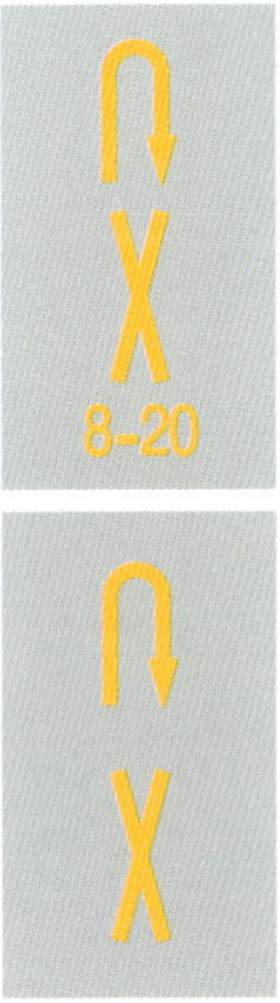

転回禁止

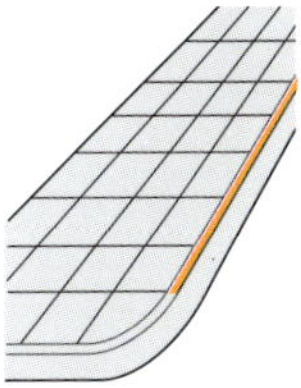

駐停車禁止

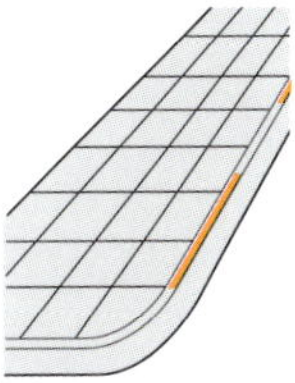

駐車禁止

ベテランドライバーのためのポイント

「ゾーン30」の標識はとくに注意

ゾーン30は学校近辺など、区域を定めて時速30キロの速度規制をするものです。歩行者の多い道路なので、十分に注意しましょう。

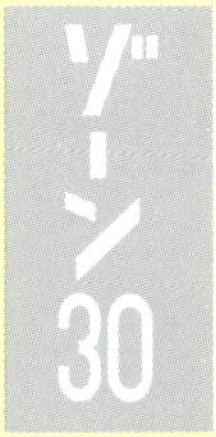

危険を予測して事故を防ぐ

入ってくる情報を分析し事故を未然に防ぐ

事故を起こさないためには、ただ確認するだけでなく、これから起こる事態を予測してすぐに対応できるようにすることも大切です。ベテランだからこそ、今までの経験をもとに、周囲の車や人の動き、天候、路面の状態などからさまざまな情報を分析し、危険を予測したいものです。

周囲の動きを「きっと大丈夫」と自分の都合の良いように解釈する〝だろう運転〟ではなく、危険な状況を予測して対応する〝かもしれない運転〟を心がけましょう。

状況から危険を予測

対向車が待たずに右折するかもしれない！
子どもがこちらに気づいていないかもしれない！
犬が突然走り始めるかもしれない！
ガソリンが残りわずかでエンストするかもしれない！

運転中は運転席からさまざまな情報が確認できます。例えば、散歩中の犬が今にも道路に飛び出しそうだったり、進路に迷いがありそうな対向車、動きが予想できない子どもなど……。事故のもとになりそうな危険を察して対応しましょう。

危険を予測する❶ 見つける

事故のもとは身近にもたくさんあります。
危険につながる情報を素早く見つけることが安全運転のカギなのです。

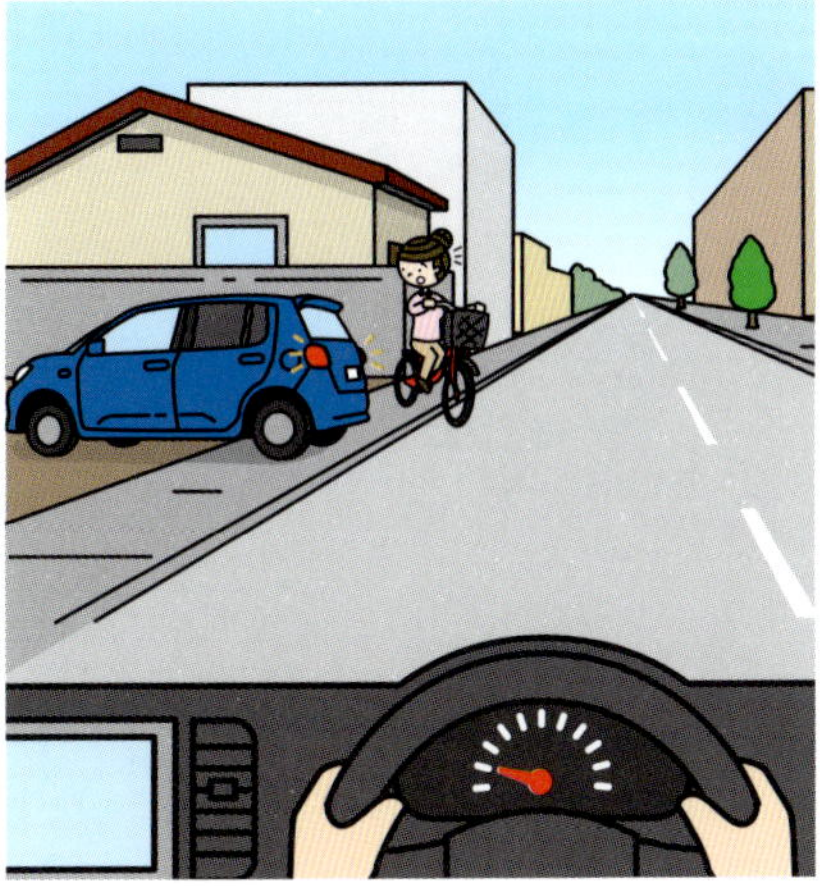

【 駐車場から出てくる車に注意 】

左側の駐車場からバックしようとしている車が見える。それを避けた自転車が車道に出てくる可能性も。

【 車体の陰の情報を読む 】

駐車している**トラックの陰に入っていく人や、車体に隠れている人の影**が見えることがある。

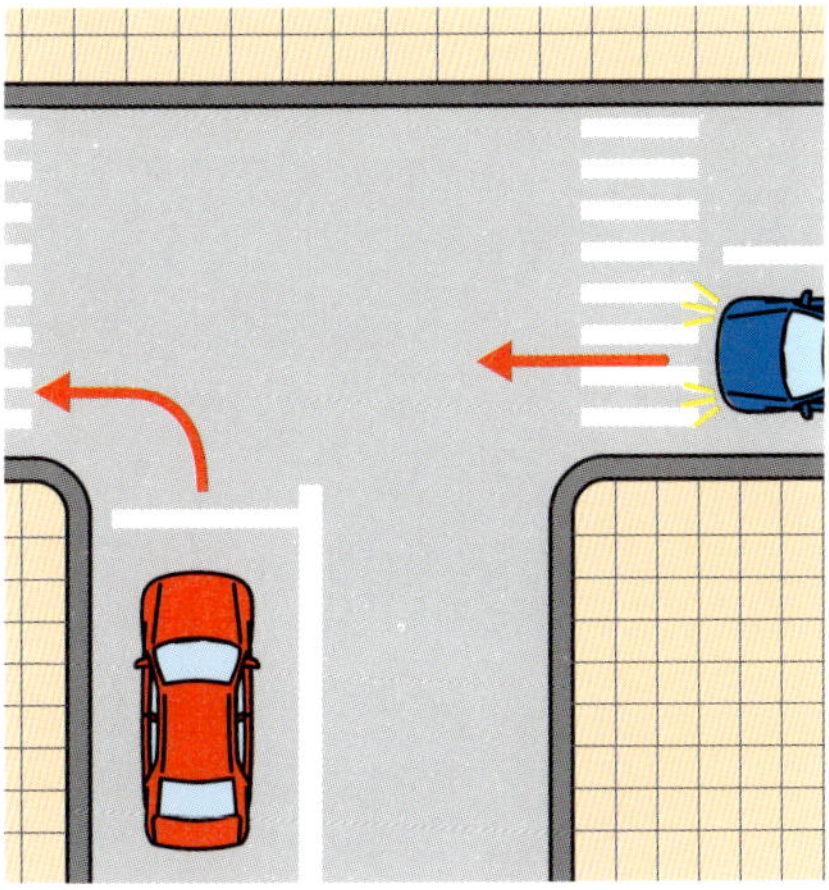

【 パッシングの見極め 】

一時停止中に、右左折先の車線を通行中の車がパッシング。**パッシングには定義がないため意味の見極めが重要。**

【 ドアが開くのを予測 】

路上駐車の車内で動く人の影が見える。近くを通過するタイミングで**ドアが開くかもしれない**ので注意。

次ページにつづく

危険を予測する❷　動きを予想

歩行者や車など周りの状況を見て、この先どのように動くか予想します。
危険な展開を考え、事故を防ぐことが大事です。

【　スリップしやすい路面　】

工事用鉄板が敷いてあったり、路面が濡れているため、**前を走るバイクが滑って転倒するかもしれない**。

【　不安定な自転車　】

子どもを乗せた自転車が走行している。**不安定な運転でバランスを崩して、転倒する**危険性がある。

【　子どもに注意　】

道の両側で子どもが声をかけ合ってふざけている。こちらに気づかず、**急に車道に飛び出すかもしれない**。

【　飛び出してくる車　】

駐車場から出てくる車のドライバーがこちらを見ずに左の車線ばかり見ている。**急に出てくる可能性**がある。

近寄りたくない危険な車とは?

事故を起こさないためには、危険な車を見極め、近寄らないことも大事です。
ではどんな車が危険なのでしょう?

【 後部ライトがついていない 】

先行車の**ブレーキランプやウインカーが点灯していない場合**、距離を空けるか車線を変えましょう。動きが読めないため、急ブレーキなどに対応できません。

【 運転に集中していない 】

青信号に変わっても発進しないなど、運転に集中していない、**ドライバーの注意が散漫になっている証拠**。車間距離を十分に取って様子を見ましょう。

【 車が極端に汚れている 】

車が極端に汚れていたり、傷だらけの場合、**運転が荒い、あるいはほかの車の動きに無関心な場合**があります。駐車場でも近くに停めるのは避けましょう。

【 走行ラインが不安定 】

反対車線に飛び込んだり、走行ラインが不安定な車は**酒酔い運転や居眠り運転の可能性**が。車間距離を空けて走行するのが無難です。

譲り合いの気持ちが事故防止への鍵

道路には当然、自車以外の車も走っています。互いに交通ルールだけを守って走行していれば良いかというと、決してそうではありません。ときには交通ルールを守ったうえで、相手を気遣い、行動を察して走りやすくしてあげることも大切です。

相手が走りやすくなる、ということはその分、道路にスムーズな流れが生まれ自分も走りやすくなり、事故のリスクも減ります。逆に相手が気遣ってくれたときは、ハザードの点滅などでお礼の意思を示しましょう。

ハザードを有効的に使う

ハザードボタンに注意がいきすぎて、前方不注意にならないように
ハザードを点滅させる際は、 2〜3回が目安。回数が多いと停車と勘違いされます

ベテランドライバーのためのポイント

ハザードやパッシングの持つ意味に注意

ハザードやパッシングにはほかにも、対向車のヘッドライトが上向きなことを知らせるなど、異変が起こっていることを知らせるために使ったり、道を譲ったりする際の合図として使う人もいます。ただし、その逆で道を譲りたくないとき、あるいは割り込みなどに対して抗議、あおりの意味で使用する人もいます。人によって使い方が異なるので、点滅だけで判断せず、相手の挙動にも注意しましょう。

譲り合いで気持ちのよい運転を

【 車線変更の車の道を空ける 】

隣の車線で、ほかの車が進路変更の合図を出しているのが見えたときは、減速して前を空け、スペースを作ってあげましょう。位置によっては少し加速して後方を空け、後ろに入れるようスペースを作ってあげます。

【 必要以上に距離を詰めない 】

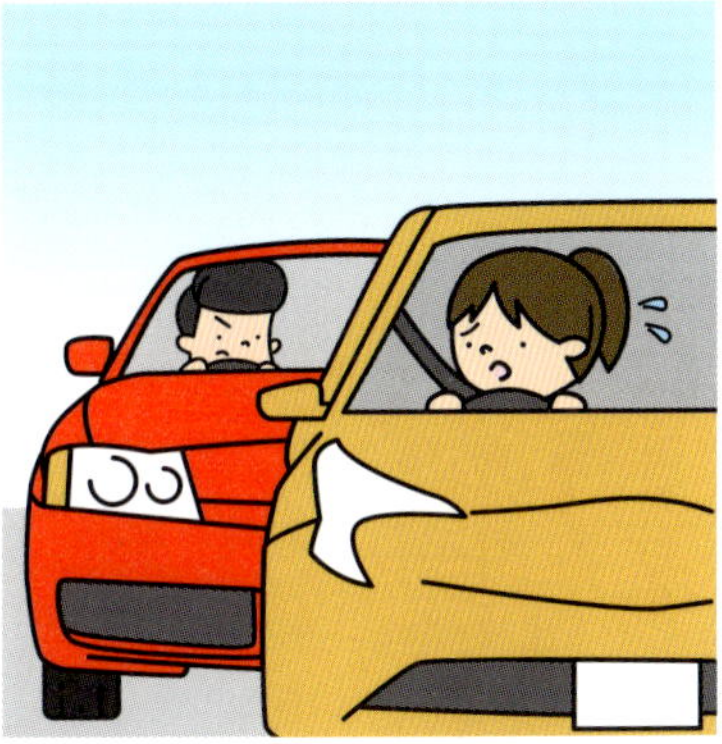

前方の車に必要以上に近づき、車間距離を詰めてしまうと、相手の運転手は焦りを感じ、思わぬ事故のもとになります。また、自分の車の衝突事故にもつながるため、余裕を持った距離を保つよう注意しましょう。

【 左側に寄って道を空ける 】

後方の車が自分の車よりも早い速度で接近してきたり、急いでいる様子が見受けられるときは、先に行かせてあげます。左ウインカーを出し、道路の左側に寄せながら減速して道を空け、追い抜きやすくしてあげましょう。

【 右折を促す 】

十字路などで、対向の右折レーンにいる車がなかなか車の流れの切れ目ができず、曲がれず困っていそうなときは、減速しながらパッシングで合図しましょう。相手に右折を促して、先に曲がらせてあげると親切です。

運転寿命を延ばす補償運転

いつまでも運転したい
そんな夢を叶える運転方法

　いくつになっても運転を楽しみたい――運転寿命を延ばすために、最近注目されているのが補償運転という方法です。年齢を重ねることで出てくる認知機能の低下などを理解し、リスクを回避した運転を楽しもうというもの。警察庁などが中心となって推進しているものなので、警察のホームページでも確認できます。

　補償運転は車に乗る時間は減りますが、事故を避け、長く車に乗ることにつながります。豊かな老後のためにも、ぜひ試してみたいものです。

リスクを避けるための移動手段を考える

買い物に行く、旅行する、あるいはそれ以外の目的で移動する手段は車だけとは限りません。列車やバスを使ったり、自転車や徒歩なら健康にも良いはずです。時間は多少かかりますが、事故のリスクと比べ、自分にとっての最良の選択をしましょう。ガソリン費用の節約にもなるかもしれません。

補償運転とは？

危険を避けるため、運転する時と場所を選択し、
運転能力が発揮できるよう心身及び環境を整え、
加齢に伴う運転技能の低下を補うような運転方法を採ること。

引用元
〈「高齢運転者交通事故防止対策に関する提言」等を踏まえた高齢運転者による交通事故防止対策の更なる推進について（通達）平成29年7月14日付、警察庁丙交企発第104号、丙規発第16号、丙運発第13号〉

上記の警察庁の通達通り、補償運転とは、**年齢を重ねることで低下した能力を補うよう、時間帯や天候などを選んで運転する**方法です。今日から実践できる簡単なものなので、自分の生活がどう変化するのか確認しながら試してみると良いでしょう。
下欄で、すぐに試せる補償運転を紹介します。

今日からできる補償運転

体調の優れないときは運転しない

風邪で咳き込んでいたりすると注意力も散漫になりがちです。無理に運転すると事故になりかねません。

夜間の運転はしない

夜間は視界も悪くなり、夜間視力が低下した目ではなおさら危険です。理由がない限り避けましょう。

高速道路の運転はしない

危険が多い高速道路。認知機能が低下したり、慣れていない場合は避けるのが無難です。

雨や雪の日は運転しない

悪天候の日は、緊張します。不要不急時の運転はしないのが良いでしょう。

苦手な運転はしない

長時間の運転や夕暮れ時など、苦手に感じる運転は無理せず避けるのが賢い方法です。

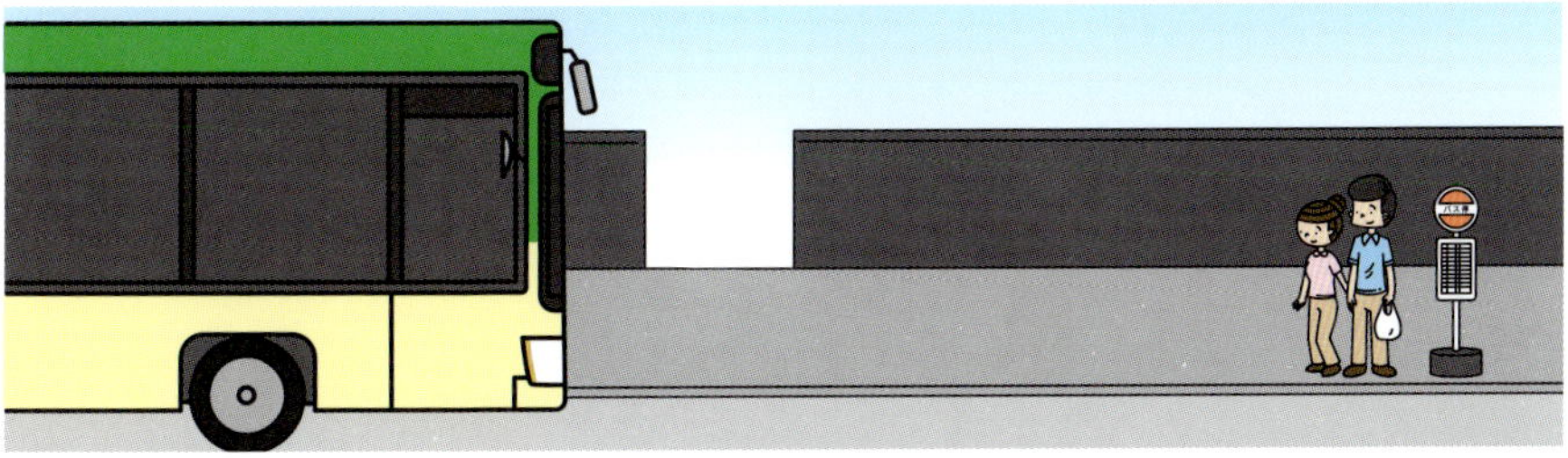

COLUMN 2

自分の知識をアップデートしよう

ベテランドライバーが注意したいことのひとつに、いつまでも古い常識にとらわれてしまうということが挙げられます。例えば、よく問題にもなる高速道路の逆走も、ボーッとしていて急に何か思い出して「戻らなきゃ」となったときに、片側一車線ですぐ隣が反対車線だった頃の感覚でUターンしてしまうということも考えられます。

最近多いのは電動自転車に関することでしょう。電動自転車は普通の自転車と違い、急坂でもラクラクと上ってきます。それに気がつかないと、昔の感覚でまだ後ろを走っていたと思い込み、左折をしようとして巻き込み事故になる……ということも。シルバー世代にとって乗るのはありがたい電動自転車ですが、車を運転する立場になったときには注意をしたいものです。

3章

運転を安全に楽しむためのテクニック

基礎をおさらいして自分の弱点を認識し、

日々のドライブを楽しむ準備ができました。

この章では長時間のドライブなど

カーライフをさらに楽しむための

運転術をおさらいしましょう。

ロングドライブを楽しむ心得

ルートの確認や持ち物チェックを

　定年になったら、車で旅行などを楽しみたいと思っている人も多いでしょう。では長距離ドライブは何を準備すれば良いのでしょうか？

　慣れない道を走る場合、まずはルートの確認が大切です。カーナビがある場合は新しいバージョンか確認をしましょう。古いものだと新しい道が表示されません。

　また、トラブルがあったときのために軍手なども用意します。燃費が悪くなる場合があるので、荷物の詰め込みすぎには注意しましょう。

ドライブ持ち物チェックリスト ☑

- ☑地図
- ☑ウェットティッシュ
- ☑雑巾・軍手（複数）
- ☑携帯トイレ・エチケット袋
- ☑雨合羽・傘
- ☑脱出用ハンマー（川や海に落ちたとき窓を割る）
- ☑発煙筒、三角表示板（これらは法的に義務がある）

ベテランドライバーのためのポイント

ドライブ前はルートを思い描いて

昔に比べて物忘れすることが多くなったと感じている場合は、ふとした瞬間に道を間違えたりすることがあります。運転席に座って運転を始める前に、**どこに向かい、何をするのか、目的地までの道順**を思い描いて集中力を高めておきましょう。同乗者と確認し合うのもおすすめです。

高速道路に乗る前にやることは？

長距離運転をする場合、まず行うことは車の機器類、ブレーキなどの点検です。とくにタイヤの空気圧には気をつけましょう。空気は走るうちに徐々に抜けますし、気温の変化も影響するので、燃料を入れるときに見てもらうと良いでしょう。また、インターチェンジの確認を忘れてはいけません。降り損ねを防ぐため、ひとつ手前のインターチェンジとサービスエリアも確認しましょう。

現地の天気も調べておくと、急な天候の変化にも対応できます。

走行中も、ラジオで道路状況を確認すると良いでしょう。渋滞の情報など事前に知ることができれば、余計なストレスを感じずに済みます。

高速道路に乗るときの準備

- ☑タイヤの空気圧は適切か
- ☑ボンネットは閉じたか
- ☑トランクは閉じたか
- ☑発煙筒、三角表示板の積載
- ☑ライト類の消灯
- ☑ETCカードや料金
- ☑目的地の天気、気温
- ☑渋滞や工事情報の確認
- ☑入るインターチェンジ名と距離の確認
- ☑おおよその所要時間の確認
- ☑料金所を出た直後の道の確認
- ☑降りるインターチェンジ名と、ひとつ前の出口とサービスエリアの名前の確認
- ☑燃料に余裕があるか

※高速道路でガス欠を起こし、停車をしてしまうと道路交通法違反となります。また、パンクやオーバーヒートなどの整備不良による停車も同様です

ベテランドライバーのためのポイント

高速道路でのハンドル操作

高速道路では、一般道とハンドル操作が少し違うことを覚えておきましょう。ハンドルは左右5度以上には基本的に動かさないようにします。高速道路では一般道の倍のスピードで走るため、少しのハンドル操作で車が大きく左右に動きます。ハンドルを切りすぎると車の制御が利かなくなり大変危険なのです。

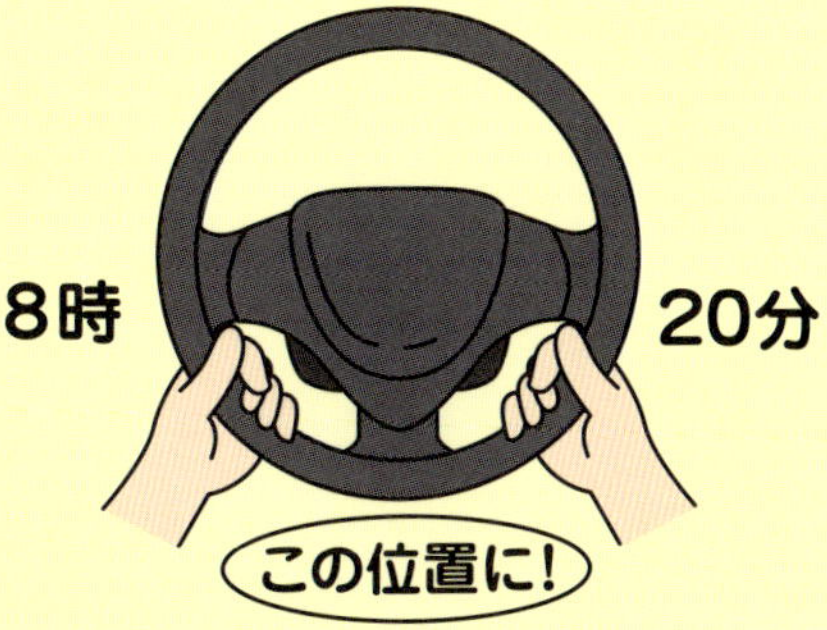

高速道路を安全に走るために

トラブルにも即対応できる運転のポイントとは

高速運転で一番気をつけたいのは、**混雑していても3~5台先の車まで意識することです**。これは先の道路の変化を早めに知るためです。また、直前の車がちょこちょことブレーキを踏んで速度を微調整していても、それに合わせてブレーキを何度も踏む必要はなくなります。

実は、**ブレーキを踏みすぎると道路全体の流れを乱し、渋滞のもとにもなりかねません**。できるかぎりアクセルだけで滑らかに速度を調節すると良いでしょう。

スムーズな運転のコツ

【 視点は遠くに 】

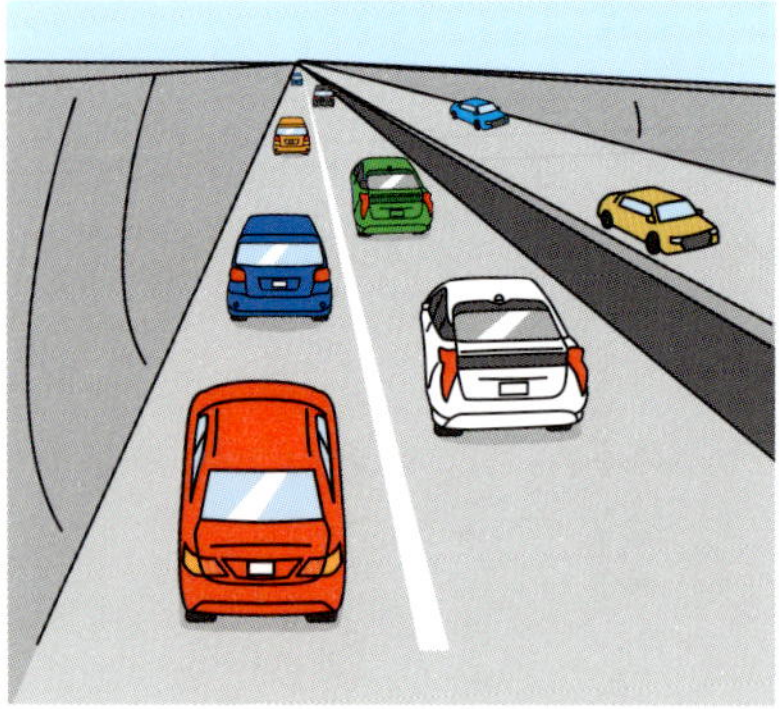

全体的な流れに乗って走るために、3〜5台先の車まで見ていることがポイントです。そうすると**はるか先のトラブルや危険もいち早く察知し、対応できます**。100km/hで走行していたら1秒間に28m進んでいるということ。急には止まれないため、常に先を確認しましょう。

【 速度調節はアクセルで 】

頻繁なブレーキは後続車にも同様の操作を強いるために、その連鎖によって車間が詰まり、渋滞の原因になる場合もあります。渋滞時や、よほどの急カーブ以外は、**アクセルを緩めて速度を落とす**など、ブレーキを使わないアクセル操作を心がけましょう。

流れに乗った安全な合流方法

　高速道路走行に慣れていない場合、何よりも緊張することのひとつが合流です。普段から走行している人でも苦手意識を持つ人は多いかもしれません。

　しかし、合流に焦りは禁物。一番やってはいけないのが、焦るあまりブレーキを踏んでしまうこと。とくに加速車線を使い切ってしまうと身動きがとれません。恐怖心は本線との速度差からくるものなので、ほかの車に意思をはっきり示し、ミラーと目視で確認。それから落ち着いて加速すればスムーズに合流できるはずです。自信を持って行えるように、事前に安全な合流方法を確認しましょう。

高速道路合流の手順

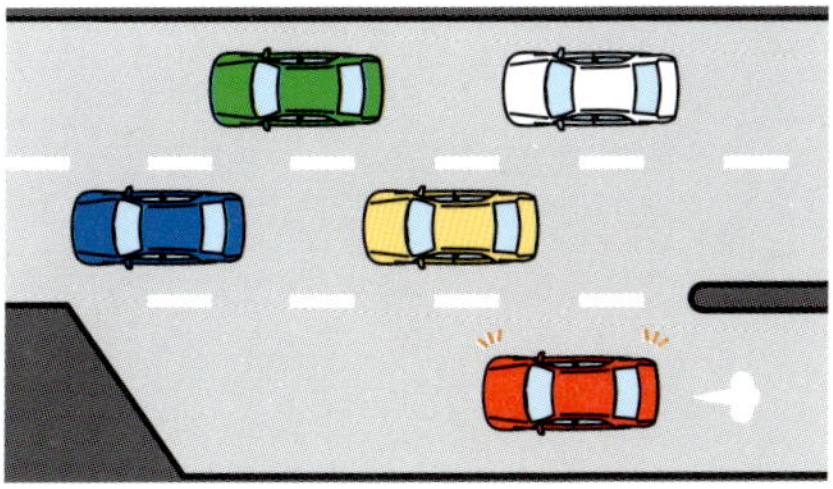

1 加速車線で十分に加速して速度を上げていく。同時にウインカーを出して合流の意思表示を。

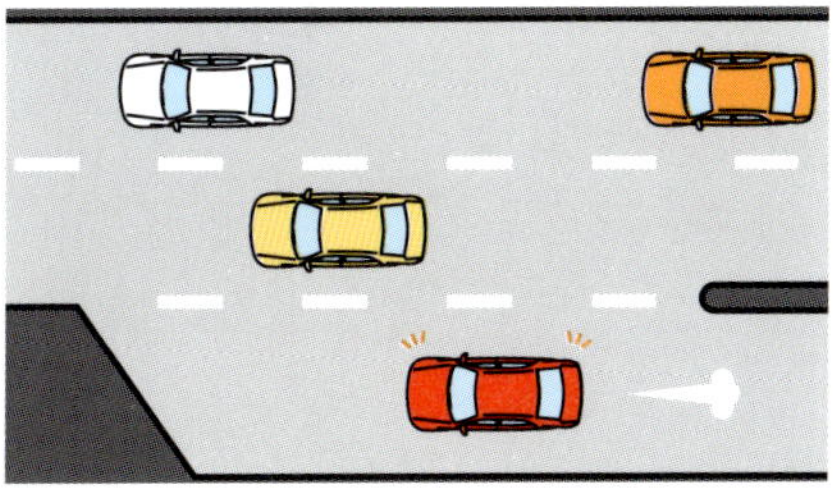

2 入りたい場所の前車の後輪に自車の頭をだいたい合わせるようにし、後続車を確認しつつさらに加速。

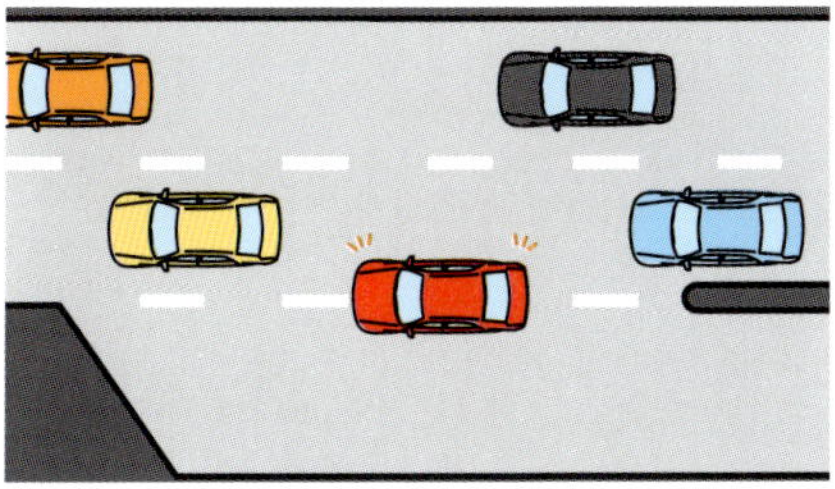

3 この状態でも本線の流れのほうが速いので、スピードをキープして併走し、後続車を確認する。

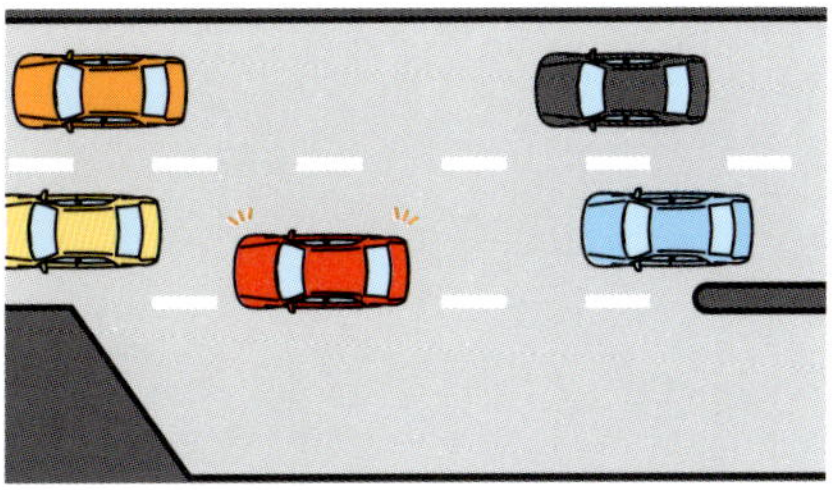

4 後続車の動き、さらに隣車線の予想外の車線変更などに注意してスピードを維持しつつ合流する。

次ページにつづく

苦手な分岐での リスクを減らす

出口などの分岐は、進路を間違えてパニックになり、分岐に激突したり逆走したりと、高速道路の中でもトラブルの多いエリアです。とくに高齢者の逆走などが問題にもなっています。自分はまだ大丈夫と思っていても、誰にでも間違いはあるもの。もしものときに焦らないよう、進路を間違えた場合などの対処法を確認しておきましょう。

ポイントは「急がば回れ」。確実なところでやり直せばよいという心のゆとりを持ちましょう。分岐が見つからず迷ってしまった、あるいは出口を通り過ぎたとしても、焦らずに次の出口を探り、次の料金所の係員に相談してみましょう。

高速道路で道を間違えたら

1 迷っても止まらない！

分岐で「降り損ねた！」と慌てて車線変更したために分岐中央に激突したり、後続車と接触したりという事故はかなり多いもの。車線の外に停車していても追突される可能性があります。高速道路は道路交通法により駐停車禁止のため、たとえ間違えても停まったり、戻ろうとしてはいけません。

2 間違えてもリカバリー可能

間違えたからといって**Uターンやバックはもちろん厳禁**。間違えた場合は、次の料金所を目指し、ETC（➡P.84）でも一般レーンに入りましょう。係員に事情を説明し、通行券に「特別転回」の承認印を押してもらいます。料金所を出てすぐUターン路がある場合と、一般道まで進んでからUターンする場合があるので、係員の指示に従い、戻り先の料金所の一般レーンで再度、係員に事情を話せばOKです。

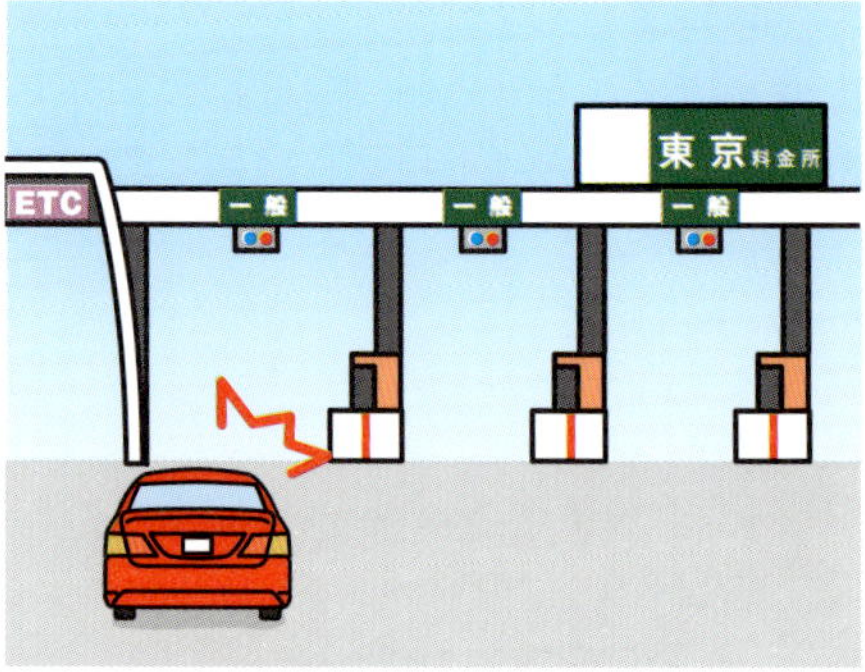

雨天時の高速道路走行の注意点

雨天時の高速道路走行は視界が悪いため、いつもよりさらに集中力が必要になります。また、高速走行中にタイヤと道路の間に水の膜ができて、車が滑走してしまうハイドロプレーニング現象が起こることも。スピンまで至ってしまう場合があるので、適切な対応が求められます。

雨天時の走行を避けていても、急な天候の変化もあり得ます。後悔する前に、雨天時の注意点を確認しておきましょう。

雨の勢いがあまりにもひどいときは、運転しないという決断も大事です。雨天の道路はそれだけ、いつもの道とは違うということを心得ておきましょう。

雨天時の車の挙動を知ろう

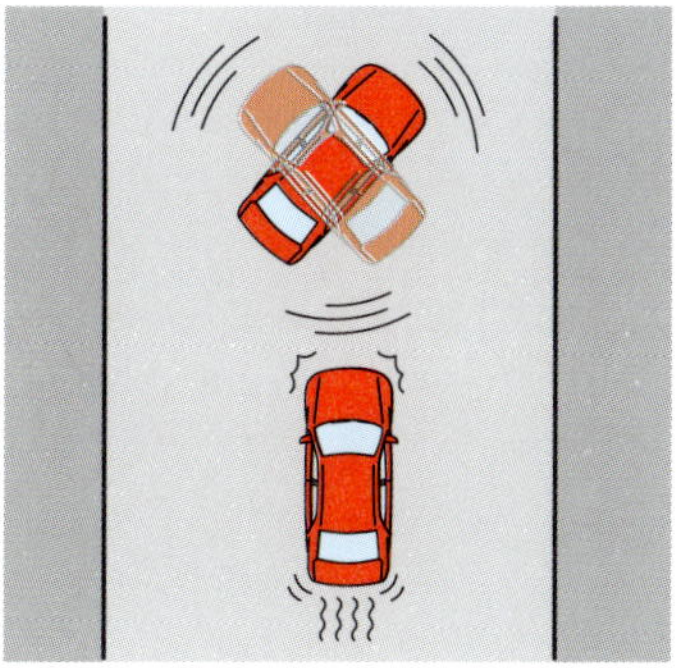

【　ハンドルが利かない場合　】

慌ててハンドルを回したり、ブレーキを踏んだりすると、さらに不安定になり、スピンや接触など事故の危険性が高まるので注意が必要です。
ハンドルは一定を維持して動かさず、アクセルは離してスピードが落ちるまで我慢します。焦っていると長く感じますが、数秒でその状態から抜けるはずなので慌てずに対処しましょう。

【　タイヤチェックが重要　】

磨耗したタイヤは厳禁。タイヤの溝は排水の役割をするので、摩耗による機能低下はハイドロプレーニング現象に直結します。
また、高速道路ならではですが、**トラックなどの轍《わだち》に雨水がたまった水たまり**はよけましょう。少しの雨でも水たまりになりやすく、見つけた場合は、乾燥路面よりスピードを落とし、急ブレーキは踏まないようにします。

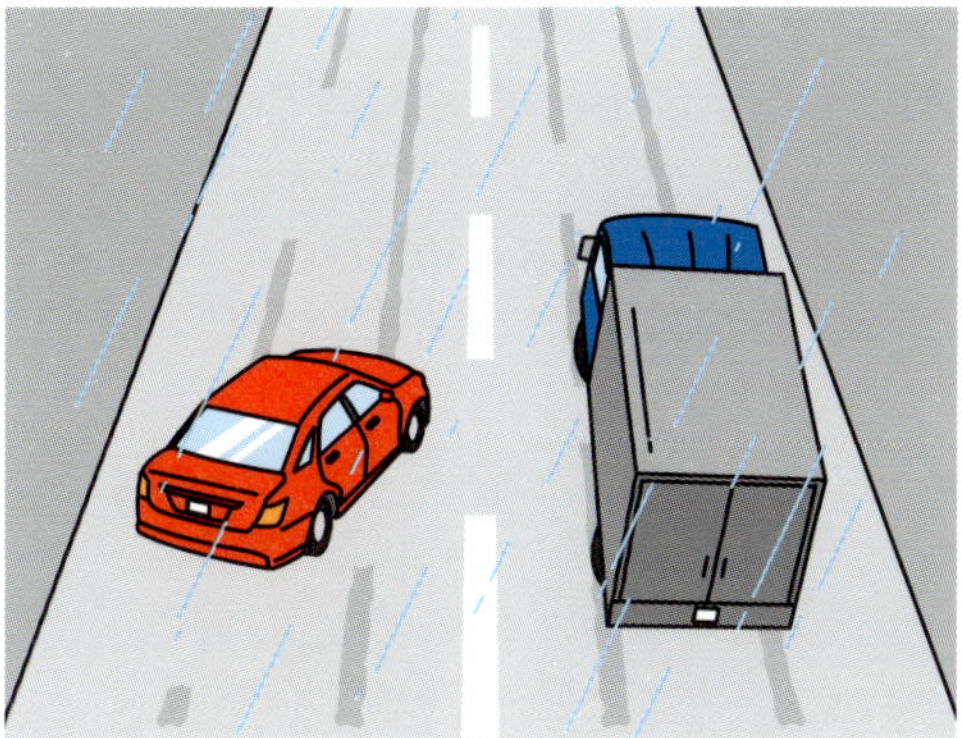

次ページにつづく

高速道路を安全に通過するには

　料金優遇やスムーズな料金所通過などの面から、長距離ドライブ派には必需品となりつつあるETC。ETCは専用のカードによって料金所で停止することなく、通過の際に自動で支払いを済ませてくれるシステムです。まだ使っていない人も、今後、高速道路を使う頻度が増えそうなら導入を考えても良いかもしれません。車の流れを妨げずに通過するコツやトラブル対処法などを、ここで確認しておきましょう。

　また、高速道路では一般道と違う制限速度、交通ルールが存在します。次のページで紹介しているのはその一部ですが、とくに注意してほしいものなので確認しましょう。

ETC通過の際に気をつけること

【　レーンがわからない！　】

ETCは専用レーンに進入しなければなりません。**先行車がトラックの場合はレーンが確認しづらいので、あらかじめ車間距離を取って**おきましょう。

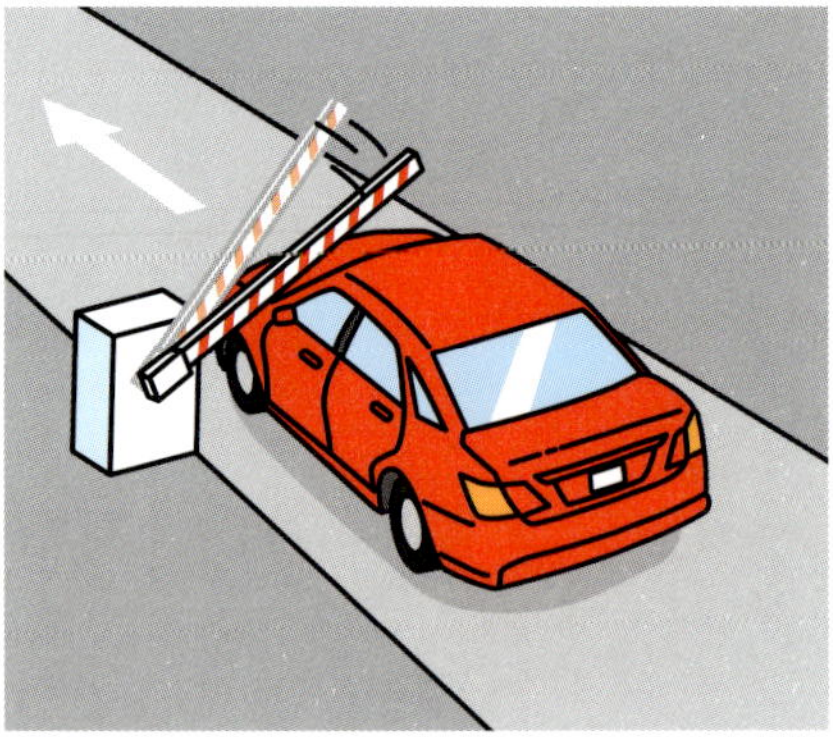

【　ゲートが故障していたら　】

故障でゲートが開かない場合は、**減速したまま、バーを押し上げるようにして通過**します。その後、安全な場所に移動してETCセンターに故障の旨を連絡しましょう。

【　やってはいけないこと　】

深夜割引を利用するために、**深夜の高速道路本線上の路肩に車を止めて、時間待ち**をするのは、重大な違反行為です。取り締まりを受ければ反則金を支払うことになるので厳禁です。

【　通るときの注意点　】

まず注意したいのが、**カードの挿入し忘れ**。車の流れを妨げてしまいます。また機器が故障していたり、前車が停止する場合もあるので、**進入速度は所定の時速20kmまで減速**しましょう。

高速道路上での違反の一部

【 制限速度を守って安全運転を 】

運転は最高速度を超えなければ良いのではありません。工事や渋滞など道路や交通の状況に応じて適切な速度で走行する義務があります。道路標識や交通情報に注意して、状況にあった安全な速度で通行するようにしましょう。

【 路肩通行しない 】

路肩は自動車が故障した場合などに一時停止したり、緊急時に警察車両や救急車などが走行する場合があります。渋滞しているときにここを走行している車を時々見かけますが、絶対にやめましょう。

【 割り込みしない 】

運転中は必要以上に車線・進路変更しないようにします。変更した場合に、後続車の運転に急ハンドルや急ブレーキが必要となる場合は進路変更は厳禁。ウインカーなどで相手に意思を伝えてから変更しましょう。

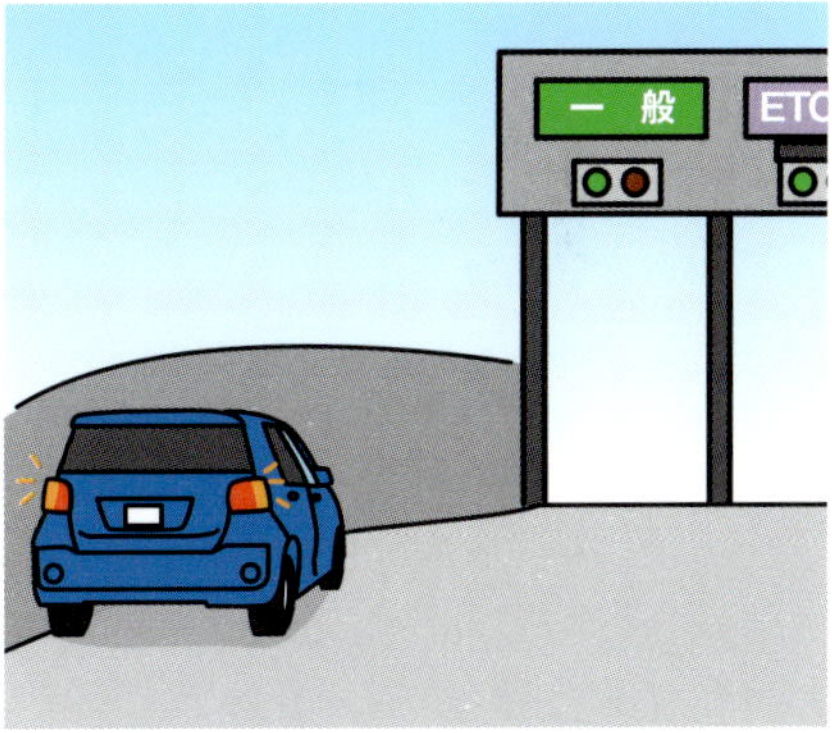

【 駐停車しない！ 】

高速道路上で駐停車すると後続車から追突される危険があり、事故に直結する行為です。また、道を間違えたからと料金所や分岐付近に停まるのも禁止。休憩はサービスエリア、パーキングエリアなどを利用してください。

次ページにつづく

疲れを解消！
休憩施設を利用しましょう

長時間運転し続けると、集中力が持続しなくなります。運転ミスのもとにもなりますので、高速道路の途中にあるサービスエリアやパーキングエリアでしっかり休憩を取りましょう。

サービスエリアでは、地域のグルメが堪能できるレストランのほか、温泉やドッグランなど趣向を凝らした施設も多いです。サービスエリアを使いこなして、ロングドライブをより楽しいものにしましょう。

同様にパーキングエリアにも、駐車場はもちろん、トイレ、自動販売機など必要最小限の設備があります。高速道路走行時は、2時間に1回を目安にこれらのエリアに立ち寄るようにしましょう。

サービスエリアではこんなサービスが ☑

- ☑レストラン
- ☑道路情報コーナー
- ☑温泉
- ☑売店（コンビニ）
- ☑ガソリンスタンド
- ☑コインシャワー
- ☑トイレ
- ☑Wi-Fiスポット
- ☑児童遊具施設
- ☑無料休憩所
- ☑宿泊施設
- ☑ドッグラン

など

充実した施設が特徴のサービスエリア。提供されているご当地フードなどが話題になり、それ目当てでドライブをする人も増えてきました。一方、パーキングエリアは疲れを取ることに特化しているため規模が小さめですが、設備は整っています。どちらもその土地の雰囲気が楽しめるので、ちょっとした寄り道としても最適です。

ベテランドライバーのためのポイント

サービスエリアで安全に駐車する方法

1 入口では減速

エリア内が渋滞している場合もあるので、サービスエリアの表示が出たら早めに左車線に入ります。

2 動く車と歩行者に注意

エリア内は走行中の車だけでなく、バックで動き出す駐車中の車や、車の陰から出てくる歩行者にも注意しましょう。

3 停める際の注意点は？

どんなに混んでいても、身障者用駐車スペースや、バス・大型車両エリアには停めないようにしましょう。

4 係員の誘導に従う

大きなサービスエリアでは、出入口や駐車スペースの合流口に係員がいることがあるので、指示に従い運転しましょう。

ベテランドライバーのためのポイント

さらに安全に高速道路を走行するには

ベテラン世代は若い世代に比べて、さらに安全に気を配りたいものです。**少しの気の緩みや認知不足が、大事故につながる高速走行での長距離ドライブ。**でも、集中力を維持し、安全確認をしっかりすれば運転の楽しみを広げてくれる楽しいものです。安心・安全なドライブのためのポイントを解説します。

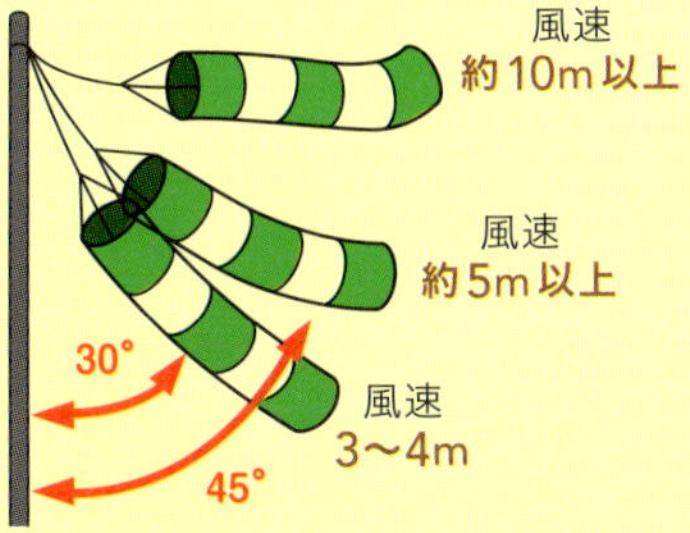

横風に注意

普段は運転中にあまり意識することがない風向きですが、高速走行時は風の影響を受けやすいため注意が必要です。風に注意が必要な場所に設置されている吹き流しの様子で風の強さを確認し、**強風時には速度を落としましょう。**

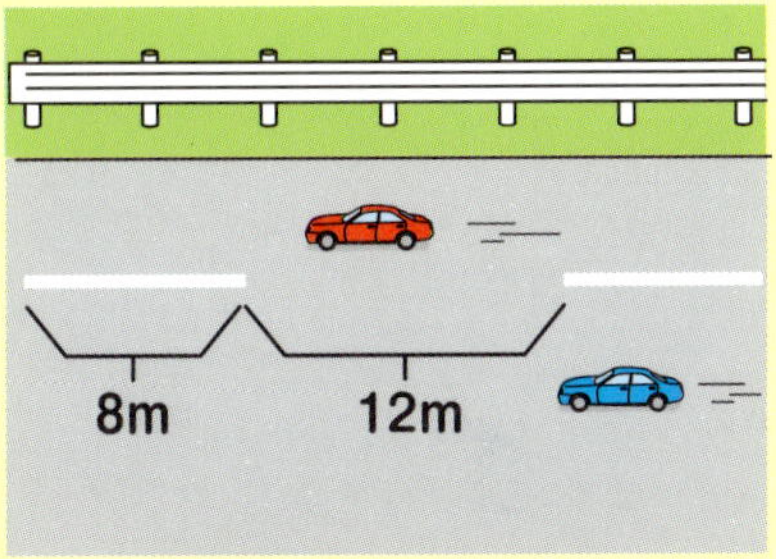

車間距離は十分に取る

車の流れが速い高速道路では、**車間距離を長めにとります。**通常、高速道路では100km/hで走った場合、車間距離は100m（前車が大型貨物の場合はそれ以上）必要といわれています。**道路脇の標識か車線境界線で確認をしましょう。**

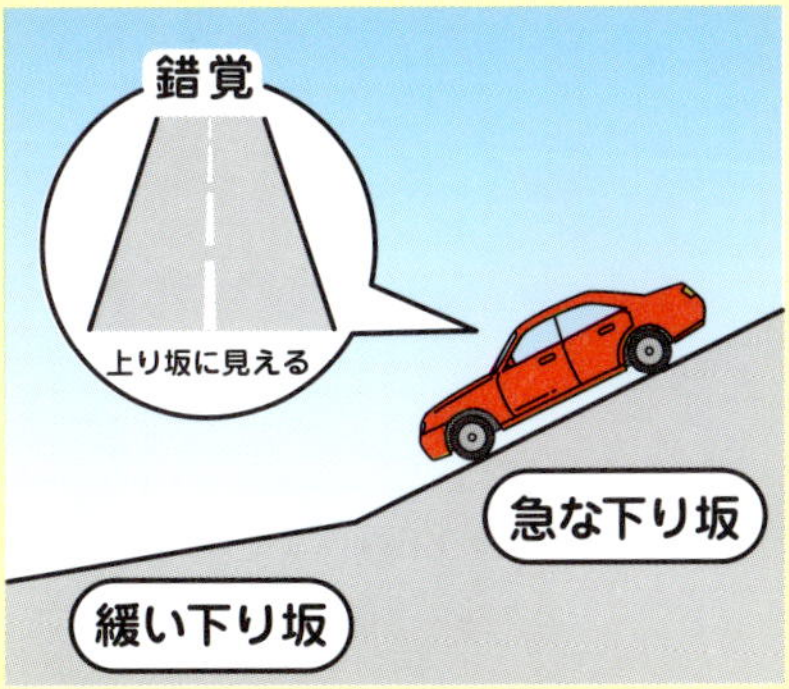

下り坂での錯覚に注意

急な下り坂から緩い下り坂に続く道路は、錯覚で上り坂に見えることがあります。速度超過が起こりやすいので、メーターを確認して速度を保ちましょう。

一般道に出るときは速度を落とす

長時間、高速道路を走っているとスピード感が麻痺してきます。一般道に戻るときは、メーターで速度を確認しながら感覚を取り戻しましょう。

車間距離に注意！トンネル走行

周囲が見えない圧迫感から感覚も狂いがち

高速道路に点在する長いトンネルは、それまで走ってきた道路と景色や明るさが一変します。そのため車の流れが滞りがちで、渋滞の発生地点になりやすい場所でもあります。実際の道幅は変わらなくても、圧迫感が感覚を狂わせてしまいがちです。

また、心理的に出口付近で加速する傾向があるため、あおられたと感じることもしばしばです。安全な走行には安心感が重要なので、事前にトンネルの特性をよく理解して通過するようにしましょう。

トンネル走行時に気をつけること

入る前

- ラジオなどで情報をチェック
- ヘッドライトをつける
- 車間距離を空ける
- 入口上部の標識、信号をチェック

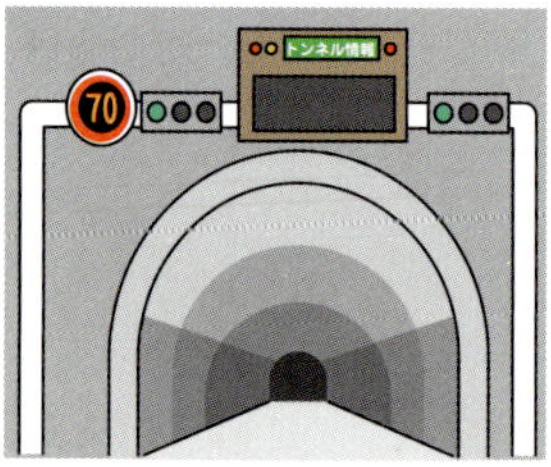

走行中

- スピードに注意
- 視点は先に置き、道路中央を走行
- 車線変更しない

出るとき

- 入口との天候の変化に注意
- 眩しさから前の車が消えて見える「蒸発現象」に注意
- 出入りする車が確認できるようランプはしばらく付けたままに
- トンネル内・外で速度制限が違うことがあるので確認する

特に注意したい3つのポイント

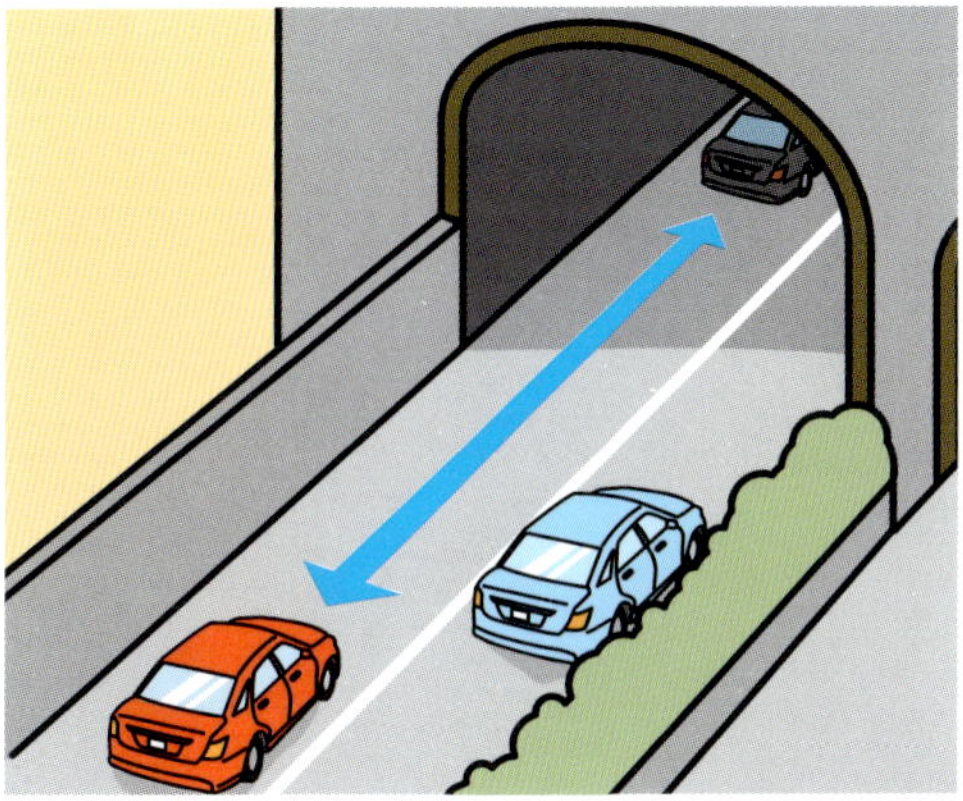

1 車間距離を空ける

トンネルに入って**10秒前後は目が慣れず、危険な状態**です。入る段階で前方を走る数台の車の様子を念頭に置き、それを維持して走るようにしましょう。**ライトの距離で確認してもOK。**

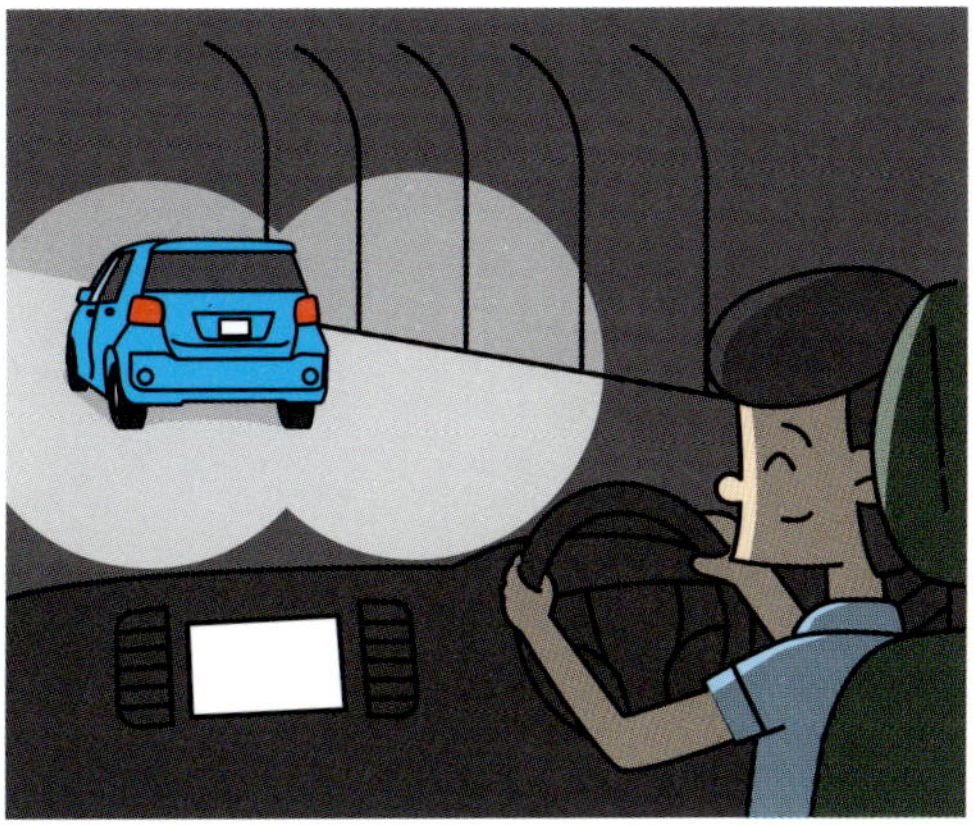

2 ライトを必ずつける

トンネル内にライトがついている場合でも、ヘッドライトは忘れずにつけましょう。ライトには視界を確保するだけでなく、**車間距離を測ったり、自車の存在を対向車や前後の車に知らせる役割**もあります。

3 スピードを確認する

トンネル内では周囲が見えないため、**傾斜がわからずスピード感覚が麻痺しやすくなります。**上り坂に気がつかずスピードが落ちて渋滞の原因になったり、下り坂に気がつかずスピードが出すぎて出口でヒヤッとすることも。出口では強風の影響も受けやすいので減速しましょう。

危険がいっぱいの山道攻略法

走る前に注意点をよく確認して

温泉や登山のレジャーなど、ドライブを楽しむには、山道走行が必要な場合は意外と多いもの。連続するカーブや、すれ違うのにギリギリな細い道など、山道を避けたいと思う人は多いでしょう。

どうしても走行しないといけない場合、どのような点に注意が必要なのか、理解しているかしていないかで安全性は大きく変わってきます。慣れている人も、長く運転するうちに自己流になっているかもしれません。いま一度基本をおさらいしましょう。

山道走行の基本チェック

- 上り坂で停車するときは、前の車が後退してぶつかる可能性があるのであまり接近しないように。
- 上り坂で発進する場合、できるだけハンドブレーキを利用する。MT車はクラッチ操作だけで発進すると、失敗して車が下がり、後ろの車にぶつかることも。
- 上り坂の頂上付近は見通しが悪いので徐行する。追い越しはしないように。
- 下り坂ではエンジンブレーキを活用する。
- 下り坂では加速がつき停止距離が長くなるため、車間距離を広く取る。
- 坂道は上り坂での発進が難しいので、下りの車が上りの車に道を譲る。待避所がある場合は、そちらを利用する。
- 片側が転落の恐れがある崖になっていて安全な行き違いができない場合は、崖側の車が安全な場所で一時停止して道を譲る。

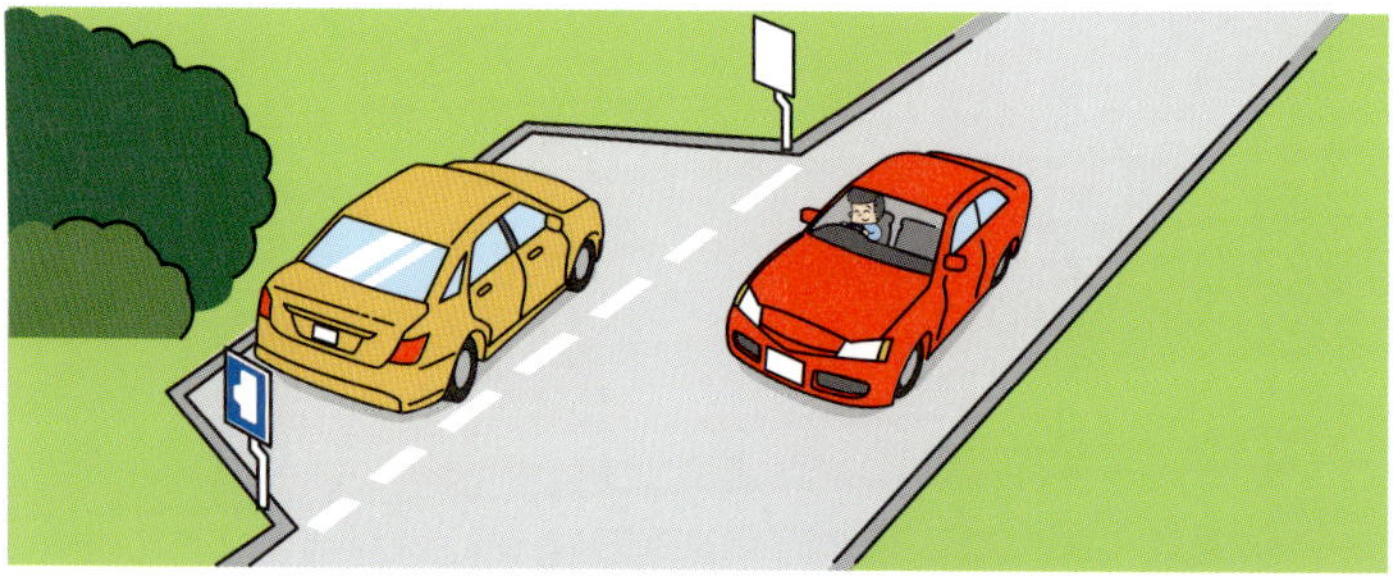

注意したいブレーキの使い方

山道ではブレーキ操作が重要になります。そのときに注意して欲しいのがブレーキの使い方。もし間違えてしまうと、最悪の場合ブレーキが利かなくなることもあります。安全なブレーキの使い方をよく覚えておきましょう。

運転の基本となるブレーキは、足元にあるフットブレーキと、運転席横にあるサイドブレーキです。

ブレーキにはもうひとつ、エンジンブレーキがあります。アクセルペダルを踏まずに、AT車の場合はシフトをダウン、MT車の場合はニュートラル以外のギアでクラッチを切らないことで、エンジンの動力を止めるブレーキです。

エンジンブレーキをかける場所

エンジンやブレーキ機器への負担を減らし、故障のリスクを軽減するのがエンジンブレーキです。とくに負担のかかる急勾配の下り坂などで行うようにしましょう。下り坂手前に「エンジンブレーキ使用(あるいは併用)」などの看板が出ていることもありますが、案内がないところでも自分で判断し行うようにしましょう。

ブレーキ操作の基本

◎ 基本はフットブレーキ、エンジンブレーキの案内が見えたらシフトダウンして**セカンドにし、アクセルを踏まずに減速します。**

× 長い急坂でフットブレーキを使い過ぎると加熱により、突然ブレーキが全く利かない状態になることがあります。

次ページにつづく

スムーズなコーナリングとは

山道には連続するカーブがつきものです。慣れていないと、想像するだけで緊張してしまうかもしれません。事前に予習しておけば本番でも焦らないはず。ここでスムーズなコーナリングのコツを確認しておきましょう。

山道に限らず、カーブに進入する際はスピードを十分に落とすことが大切です。カーブが連続する場合は、最初のカーブを曲がったところでスピードを上げてしまうと、次のカーブに入るタイミングでスピードが出すぎてしまい、余計なブレーキを踏む、あるいは曲がりきれず道路からはみ出してしまう危険もあるため、十分に注意しましょう。

カーブ進入時のペダル操作

1 カーブ手前でブレーキ

前に車がいる場合は、十分に車間距離を取りましょう。平坦な道や下り坂の場合はカーブ手前でブレーキを踏んで減速し、上り坂の場合はアクセルでスピードを調整します。ハンドルを回し始めたらブレーキを離しましょう。

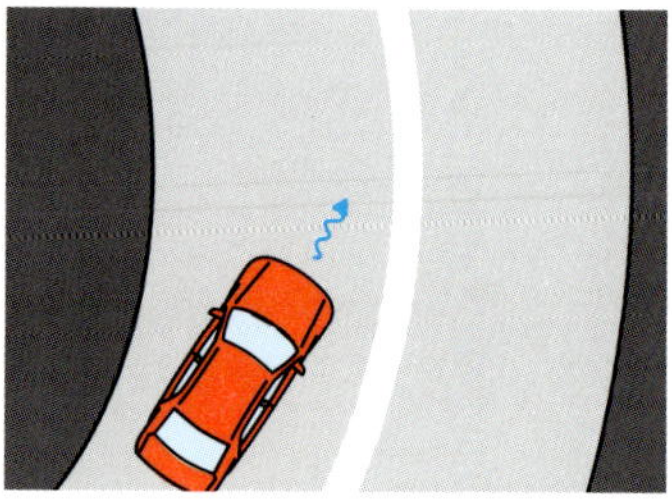

2 カーブ途中ではアクセル

カーブを曲がっている最中の足はアクセルペダルに乗せ、じわっと当てる感じで踏み込み、視線はカーブの先を見るようにして、スピード調節にすぐに対応できるようにします。

3 カーブ後半でじわじわ加速

ハンドルを真っすぐに戻しながら、アクセルペダルをじわじわ踏み込み、元の速度へ戻します。カーブが連続する場合は加速しすぎないよう注意し、また1からの繰り返しです。

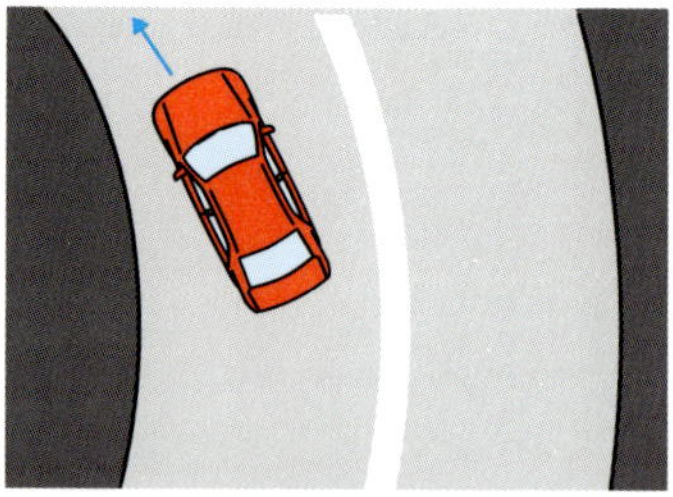

泥道走行で気をつけること

山の中に入れば砂利道に出会うこともあるでしょう。さらには作業用のトラックによる轍《わだち》が掘られていたり、天候によっては雨や泥水による泥道ができてしまっている場合も。これらの道を普段通りに走ると、思わぬトラブルが起きてしまうかもしれません。走行に関する注意点を確認しておきましょう。

山の中の道は、当然いつも走っているようなアスファルトの道路ではなく、凸凹やぬかるみといった悪路ばかりです。いつもとは違ったハンドル操作、あるいはペダル操作が必要になります。「こんなにゆっくりでいいのかな」と思うほど慎重な運転がちょうど良いくらいです。

悪路で心得ておくこと

アスファルトで舗装されていない林道などでは、**溝にタイヤがとられやすいので注意**して走行しましょう。走行時や対向車とすれ違う際は、**路肩から落ちないよう、端に寄りすぎないように注意**。

雨でぬかるんだ泥道の通り方

段差や深さがわからないので、前輪を片方ずつ入れる（範囲が狭ければ両方の前輪を入れる）。

泥道の中はよく見えないので、ハンドルをとられないようしっかり持ち、ゆっくりと進む。

抜けた直後は、泥や砂利がタイヤの溝に入っているため、スピードは出さずに注意して走行する。

悪天候のなか、安全にドライブするには？

事故を起こさないよう減速走行が基本

悪天候には台風や大雪など、あらかじめ予想し対処できるものと、急変し予想しにくい場合があります。どちらにせよ、いつ起きても対処できるように最低限の備えをしておきたいものです。

雪の装備は、普段雪が降らない地域では常備していない場合がありますが、積もっていなくても凍結していることがあるので注意しましょう。また、どの悪天候でもスピードは落としてゆっくり走行を。急発進や急ブレーキは事故のもとです。

天候	対処法
雪	積もった場合は必ずチェーンやスタッドレスタイヤなど雪の装備で走行を。橋の上はとくにスリップに注意して進みます。また、地面が黒光りして濡れていると思ったら、実は凍っていたということもあるので、**雪が積もっていない道でも徐行運転**を。
台風	急な風で車体を持っていかれそうになって蛇行したり、強い雨での視界不良に注意してください。**海辺では防波堤を越える高波も危険**です。状況次第では運転をしないという判断も必要となります。
霧	速度を緩め、前の車との車間距離を十分に保つようにしましょう。**ヘッドライトは下向きにしないと乱反射で見えません**。危険だと感じたら、道路上に停車せずに駐車場などに入りましょう。
猛暑	乗るときはエアコンを入れて、車内の暑い空気を入れ替えたり、ハンドルなどを冷まします。また、**猛暑日のノロノロ運転はバッテリーの消耗が激しくなる**ため、消費電力を抑えるなど注意が必要です。

急変する天候の対処法

【 集中豪雨 】

突然、前触れもなく降る集中豪雨。視界は悪化し、他車からも見えづらくなります。ワイパーもあまり役に立たないほどですが、**窓にコーティング剤を塗っておくと有効**です。

対処法

すぐに停まれるスピードで走行し、スピンなどに気をつけます。川が増水しやすいので、川沿いや土地が低くなっているガード下などは水が流れ込んでくることもあるので、近寄らないように。長時間降ることはあまりないので、ひどい時間帯は屋内の駐車場に避難するのもひとつの方法です。

【 雷 】

集中豪雨と合わせて起こりやすい雷。運転中に落雷しても電流が車体をすり抜ける可能性が非常に高いです。**雷だからと慌てて駐車して車外に出るよりも、車内にいたほうが安全**です。

対処法

車内の金属部に体が接触していると安全とはいえません。車に落雷しそうなときには、**むやみにドアなどに触れないこと**。山道にいる場合は**低いほうが落雷の危険性は低くなるので、山を下ります。**安全な場所で停車してやり過ごしても良いでしょう。

【 雹 】

積乱雲から降る氷の塊である雹《ひょう》。大きなものは鶏卵ぐらいで、なかには窓ガラスを割るものも。小さなものでも**道路上はパチンコ玉を敷き詰めたようになってしまう**こともあります。

対処法

大きさによっては車体に傷をつけるだけでなく、フロントガラスを突き破ることも。雹が降り始めたらなるべく早く屋内の駐車場に避難しましょう。避難できる場所がない場合は、無理に運転を続けず、周りの状況を確認しながら車を停め、雹がおさまるのを待ちます。

子どもやペットとドライブする場合

予期せぬ動きに注意！安全第一で対策を

動きの読めない子どもやペットとのドライブは、まず**安全の確保が第一**です。とくに子どもの場合は車の周りで遊ばせると事故のもとなので、早めに乗せてしまいましょう。降ろしてから車を動かすときは、必ず全員の位置を確認してから動かしましょう。また、**車から離れる際は車内に子どもだけ残さないように**。真夏と日中ならわずか5分でも車内の温度は跳ね上がります。

ペットの移動はケージやリードを臨機応変に利用しましょう。

車内に子どもだけ残さない！
ぐったり
周囲で遊ぶ子どもに注意！
後部座席でも必ずシートベルトを！
気をつけよう

ぐっすり寝ていても、エアコンをつけていても車内に子どもだけ残すのは厳禁です。車を動かす際は、子どもが**周囲を走り回ったり、陰に隠れている場合もある**ので、乗せる前・降ろした直後に動かす場合は子どもの位置をよく確認しましょう。

とくに注意したいドアへのいたずら

好奇心旺盛な子どもはドアや窓への興味もつきません。実際**子どもの「はさまれ事故」は多い**ため、スライドドアの場合は十分に注意してください。走行中は**ロック機能を活用する**と良いでしょう。

ペットとのドライブでの注意点

ペットとのドライブで一番気をつけたいことは、カーブなどでスピードを緩めた際に、開けていた窓から飛び出してしまうことです。車内でもケージに入れると良いでしょう。シートベルトで固定できるものも売られていますのでおすすめです。ケージに入らない大型犬や蓋のないケージの場合は、窓が開かないようにしっかりとロックしてください。

予想外の行動に対処できるよう同乗者がいることが理想ですが、常にとはいきませんので緊急時や遠方に行くとき以外は、ペットの乗車はなるべく避けましょう。一緒に乗る場合は、下のポイントをおさえておくと良いでしょう。

ベルトでシートに固定できるケージがおすすめです

【ペットとの快適な旅のためのポイント】

☑ **運転の邪魔にならないように**

後部座席に乗せ、前に来ないようにします。たまに声をかけて安心させてあげましょう。

☑ **トイレと休憩を忘れずに**

狭いケージはペットにとってストレス。**1時間に1回程度は軽い散歩（リードを忘れずに）とトイレを。**乗る前もトイレを済ませて乗車します。

☑ **食事は少なめに**

出発の3時間ぐらい前にいつもより少なめの食事を。胃の中に食べ物を入れないようにして車酔いを予防します。水分の補給はこまめに。

友人を乗せるなど多人数の場合

「急」がつく操作を避け優しい運転を

上手なペダル操作は安心、安全に車の速度をコントロールしてくれます。急発進や急加速、そして急ブレーキで体を前後に揺さぶられることなく、滑らかな走行がベストです。

同乗者がいる場合は、この滑らかな運転を心がけてください。ドライバーは自分の運転に身構えることができますが、同乗者はできません。スタート1秒の優しいアクセル、終わり1秒の優しいブレーキを心がけましょう。長距離ドライブの場合はトイレや水分補給にも気配りを。

多人数でも運転に集中

助手席だけでなく後部座席にも誰かがいると、運転から意識が逸れがちになります。楽しむのも大事ですが、いつも以上に集中して運転しましょう。

ベテランだからこその気配りを

【 滑らかな停止 】

急ブレーキや、**前の車ギリギリでの停止は同乗者に恐怖を感じさせます。**どのくらいで停まるかわかるような余裕ある滑らかな停止、なかの人や荷物が動かないようなブレーキを目指しましょう。

【 激しい揺れはNG 】

繰り返す左右の激しい揺れは、不快なうえに車酔いのもと。アクセルやブレーキ、ハンドル操作を連携させて滑らかに行いましょう。**急ハンドルなどは一切必要としない**のが理想です。

ブレーキはいつもより慎重に

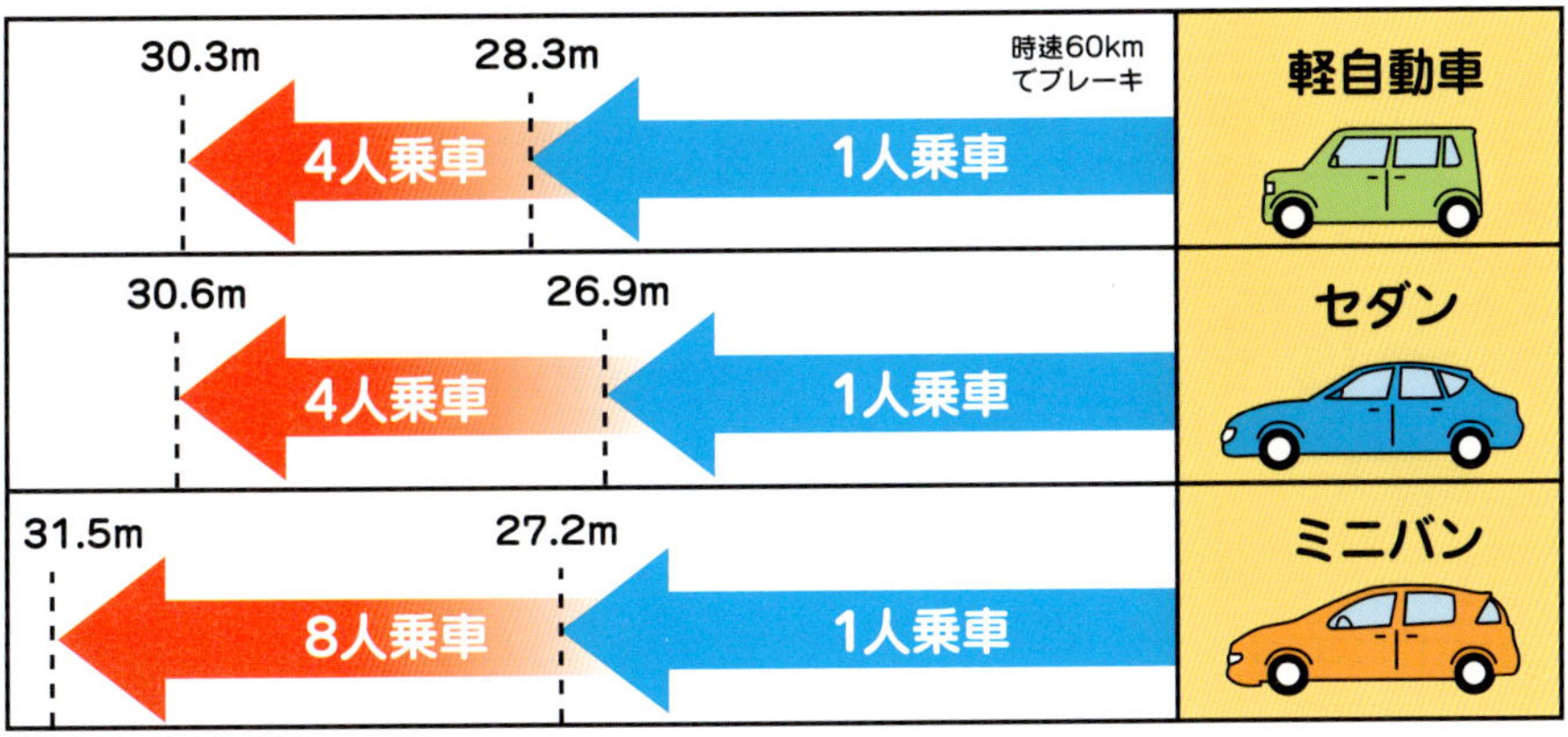

人を乗せたり、重い荷物を積んだ場合は、上り坂などで「重いな」と感じたことがある人も多いはず。意外と車は重量による影響を受けるものです。多人数で乗車する場合は、制動距離や旋回性能が大きく違ってきますのでとくに注意が必要です。上のイラストは濡れた道路でブレーキをかけた場合、1人乗車と多人数の乗車時での制動距離の違い。同じ車でもこれだけ違ってくるため、慎重な運転を心がけましょう。

ベテランだからこそ気をつけたいマナー

自分本意な運転は思わぬ事故のもと

長距離ドライブで使う大きな道路、あるいは高速道路ではいつも以上にほかの車に気を使うことが大切です。相手のことを考えない自分本意な運転は、無用なトラブルを招くだけでなく事故のもとにもなります。

ベテランドライバーだからこそ、交通ルールだけでなく運転マナーも守り、安全で円滑なドライブを楽しみましょう。

また、慣れてしまうとおろそかになりがちなマナーを左ページで解説するので、おさらいしましょう。

高速道路でのマナー

ウインカーを出さない
車線変更はとくに危険！

高速道路上でとくに気をつけたいのが、無理な追い越しと急な車線変更です。ほかの車に迷惑をかけるだけでなく、事故のもとになりやすいので、急いでいても絶対にやめましょう。

その他の注意したい高速道路上マナー

- サービスエリアなどでの指定駐車スペース以外への駐車
- 本線の流れに合わせない、遅いスピードでの合流
- トンネル内、または夜間のライト不点灯

忘れがちなマナー

【 ライトが上向きのまま 】

トンネルから出た直後や、山道から抜けた後などに忘れがちなライトの消灯。気づかずにそのままで走行していると前方の車や対向車に迷惑をかけるので、意識して走行しましょう。ハイビームが推奨される道路では、こまめに切り替え走行します。

【 狭い道での路上駐車 】

長距離のドライブは、休憩したいときや道を確認したいときなど路上に駐車する機会も多いと思います。一般道路と違い、極端に道が狭い箇所も多いので、ほかの車の走行に支障がないスペースに駐車しましょう。

【 のろのろ運転 】

慣れない道では、速度を落として道を確認しながら走りたくなるもの。しかし後続車にとって、ストレスのたまる運転です。自信がないときは、通行の妨げにならない安全なスペースに停車して道を確認しましょう。

【 合流地点での気づかい 】

本線を走っていて、合流してくる車と並走する形になった場合、流れを止めないために自分が加速して後ろに入れるスペースをつくってあげます。前の車との距離や本線の流れから、速度を落として前にスペースをつくる判断も大事です。

COLUMN 3

運転中パニックにならないために

例えばほかの車にあおられたり、運転を失敗したりして、一瞬パニックになってしまうことはありませんか？　ひとつのミスにとらわれやすいのも、認知機能が低下している人に起こりやすい特徴です。パニックになったまま運転すると、注意力も散漫になり事故を起こしかねません。

そんなときは、一度車を路肩に寄せて、落ち着くまで休みましょう。自分がリラックスする楽しいことを思い出したり、市販の車内用リラックスアロマを嗅いだりするのも良いかもしれません。

道に迷ったときも同様です。「どこだろう?」と焦りながら運転すると、やはり注意力が散漫になります。横から進入してきた自転車にも気付けません。駐停車可能な邪魔にならない路肩に寄せ、落ち着いて道順を確認しましょう。

4章

気をつけたい トラブルと対処法

どんなに注意しても100％避けることが
できないのが事故やトラブルです。
起こりやすい例を確認して
トラブルの発生を防止したり、
もしもの事故に備えましょう。

トラブル 1
他の車にあおられた

焦るときこそしっかり前方確認を

走行中に後ろにピッタリとつけられたりしてあおられると、誰でも焦るもの。ですが、後ろばかりに気を取られずに、前方確認をしっかり行いましょう。**もし安全な走行が脅かされると感じたら、車を左に寄せて道を譲りましょう**。その際、急ブレーキを踏んだり、急ハンドルで左に寄ったりせず、追突されないよう後方の安全を確認してください。

相手がさらに威圧的な行動に出た場合は、鍵をかけて決して外に出ず、車の中でやりすごします。

こんな場合は…

対処法1 先を譲る

左に寄って先を譲りましょう。その際、**ウインカーを出したり、手で合図して**相手にもきちんと意思を伝えて。

対処法2 路肩に駐車する

あおられてパニックになってしまったら、落ち着くまで路肩などに停車して休みましょう。冷静さを取り戻してから運転を。

運転手が降りて迫ってくるなど、身の危険を感じたら、決して外に出ないでください。車の中は安全です。相手の行動次第では、すぐに警察に通報してください

あおり運転による違反一覧

あおり運転は、態様により違反の種類が異なります。自覚がないうちに自分があおり運転をしている可能性もありますので、ここで確認しましょう。

運転の態様	違反種別（道路交通法違反）
前方の自動車に著しく接近し、もっと早く走るよう挑発する	**車両距離保持義務違反**（法第26条）
危険防止を理由としない不必要な急ブレーキをかける	**急ブレーキ禁止違反**（法第24条）
後方から進行してくる車両等が急ブレーキや急ハンドルでよけなければならなくなるような進路変更を行う	**進路変更禁止違反**（法第26条の2第2項）
左側から追い越す	**追越しの方法違反**（法第28条）
夜間、他の車両の交通を妨げる目的でハイビームを継続する	**減光等義務違反**（法第52条第2項）
執拗にクラクションを鳴らす	**軽音器使用制限違反**（法第54条第2項）
車体を極めて接近させる幅寄せ行為を行う	**安全運転義務違反**（法第70条） **初心運転者等保護義務違反**（法第71条第5号の4）

※これらに加え、有形力の行使が認められた場合、暴行罪が成立する場合があります

ベテランドライバーのためのポイント

ドライブレコーダーの活用

ドライブレコーダーの映像はあおり運転を証明するのに非常に役に立ちます。また、相手が車から降りて、自分の車に近付いてきても、ドライブレコーダーを見て慌てて立ち去ることもあるので、自分の身を守るためにも設置をおすすめします。

トラブル 2

狭い道で対向車が来てしまった

状況にあった対処で不要なトラブルを回避

車幅の大きなワイドボディの車は、狭い道ですれ違うのも大変です。注意したいのは、自分の車が寄せ切れているかどうか。相手ばかりに要求するのではなく、お互いに協力して通るようにしましょう。

すれ違うためのスペースを作るには、サイドミラーの使い方が重要です。前方にスペースがないときは、左ミラーで、後方に車体を寄せられる場所を見つけます。右ミラーは相手の車にこすってしまう可能性があるのですれ違う際にはたたみましょう。

ケースごとの対応

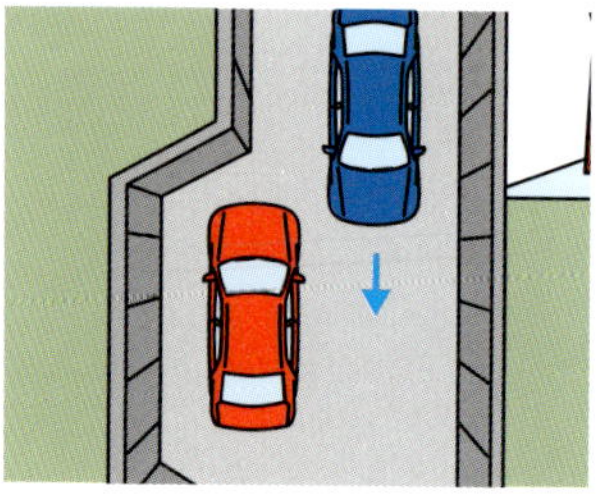

ケース1 相手に通ってもらう

狭い道で対向車を確認したら、まずはすれ違えるポイントを探りながら走行しましょう。**路地や広くなった部分を早めに見つけ停車**し、パッシングなどで合図して相手に通過を促しましょう。

ケース2 広いところへ寄る

あなたが狭い部分を通行しているのに、対向車が全く配慮なしに走ってくる場合もあります。そんなときは、とりあえず**5cmでも広いところで左いっぱいに寄せスペースを作りましょう。**

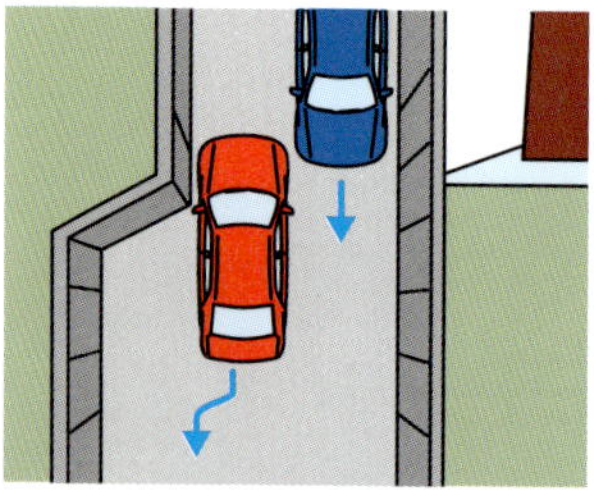

ケース3 バックで寄せる

相手との間にもうスペースがないときは、バックしてスペースを探します。バックの際は、後輪をぶつけたり、植え込みの木の枝などで車体に傷をつけないように注意しましょう。

トラブル 3

一方通行の道に進入してしまった

標識が見えなくても見分けることは可能

これは、うっかりミスのなかでもとくに危険度が高いものなので、入らないように注意することが大切です。一方通行の道は標識が見えなかったり気がつけなくても、**停止線が道幅いっぱいに引いてあるのでわかります**。相互通行の道はどんなに狭くても、停止線は途中までしかありません。おかしいと思ったらまずは停止線を確認するようにしましょう。

もし入ってしまった場合は、慌てずに左右と後方をしっかりと確認して、バックで出るようにします。

車の位置で変わる対処法

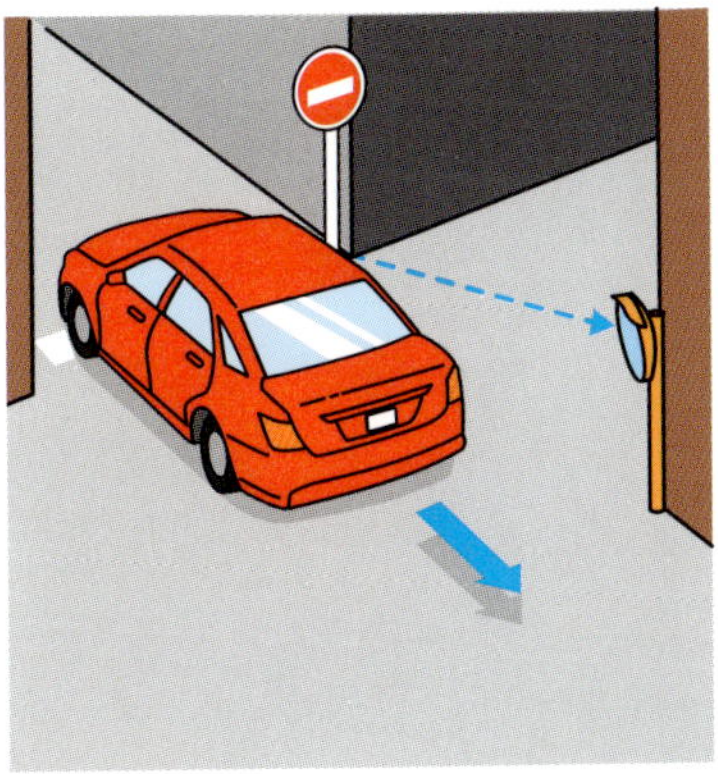

ケース1 停止線付近の場合

まだ進入途中のような状態のときは、バックでもとの道に戻ります。まずはハザードを点灯させ、もとの道を走る車に停車していることを知らせます。そして、可能であれば後方に人を立たせたり、路上にカーブミラーがあればそれを見ながら、細心の注意をはらいゆっくりとバックしましょう。

ケース2 停止線を通りすぎた場合

車体が完全に一方通行道に入っていたり、その後の走行中に気がついた場合は、すぐに左側に停車し、対向車にハザードなどで逆走したことを知らせます。そのまま、ゆっくりと移動し、Uターンできる場所を探すか、右左折をして一方通行から外れることができる道を探しましょう。

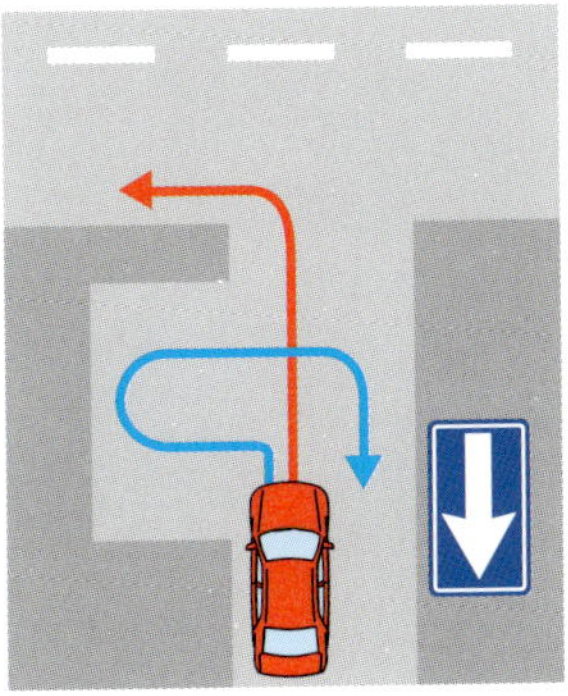

トラブル 4

行き止まりに入ってしまった

細心の注意をはらいバックで戻る

運転していると、入っていった路地の奥や林道の終点など、行き止まりになっていて、バックで出なければならない場合もあります。バックに不慣れだったり、ベテラン世代になり苦手になっていたりという場合でも、いざというときに慌てないよう、モデルケースでやり方を確認しましょう。バックの際は、ハンドルを左に切ると左後ろに、ハンドルを右に切ると右後ろに進みます。振り返った状態で長いバックは難しいので、サイドミラーを活用します。

バックの経路に障害物がある場合

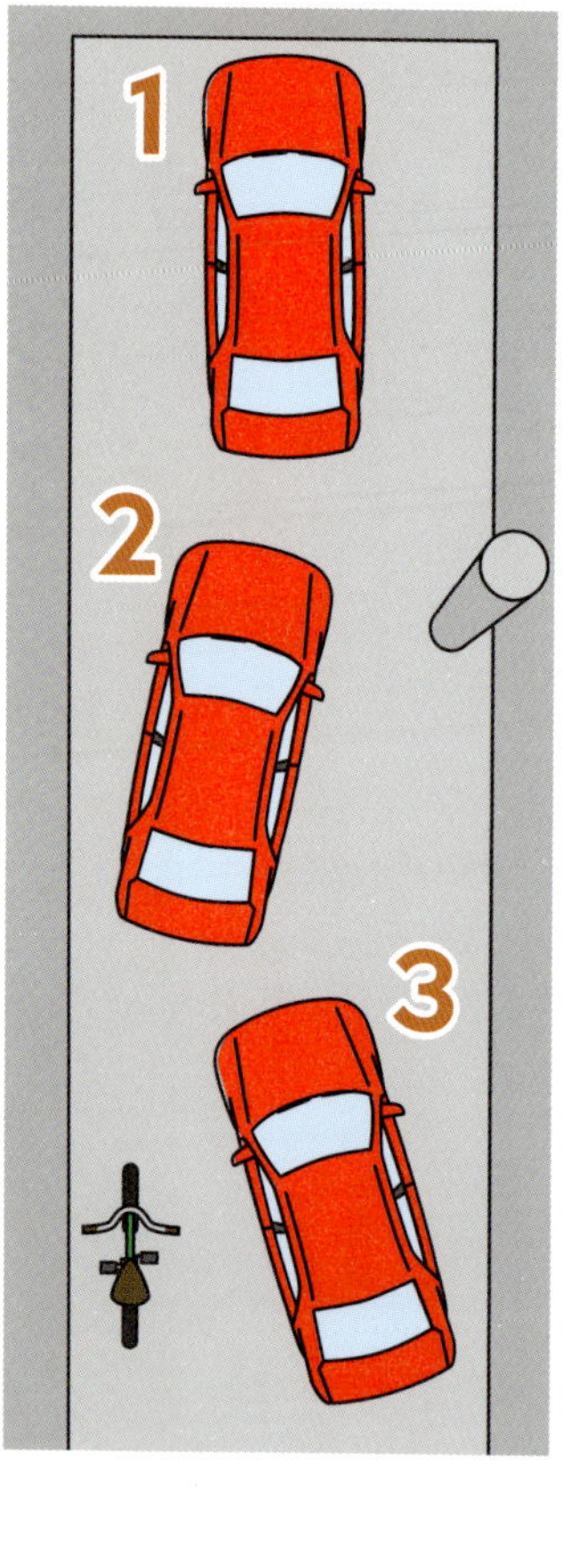

1

ハンドルを9時と3時の位置で持ち、ミラーを見ながらバックします。

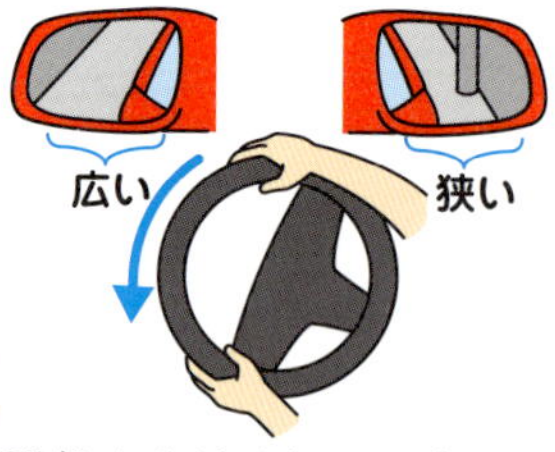

2

右の電柱をよけるために右手を12時、左手を6時の位置まで切ります。

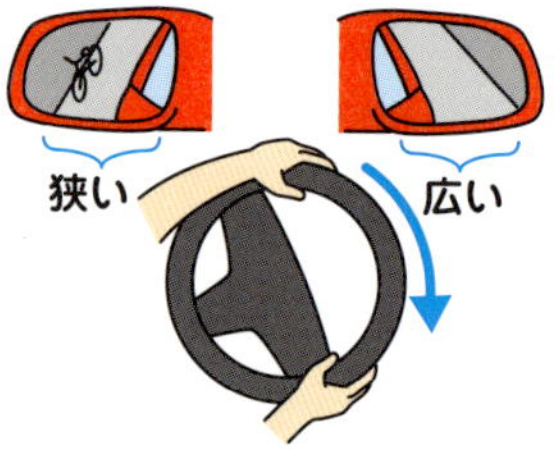

3

左の自転車をよけるために右手を6時、左手を12時の位置まで切ります。

トラブル 5

交差点で渋滞してしまった

車の流れとタイミングを予想する

渋滞で車の動きが読めず、交差点に進入し、取り残されるのは車の流れを止めるため、周りの迷惑になり、何よりも危険です。流れを先読みし、取り残されないようにしましょう。

信号が間近になったら数台先の車、信号の間隔が狭ければひとつ先の信号の様子も確認しながら走ることが、取り残されるトラブルを避ける一番のコツです。複雑なつくりの交差点の場合も、前の信号が赤になったからと交差点中央で停車するのはアウト。速やかに交差点を出ましょう。

交差点での判断ポイント

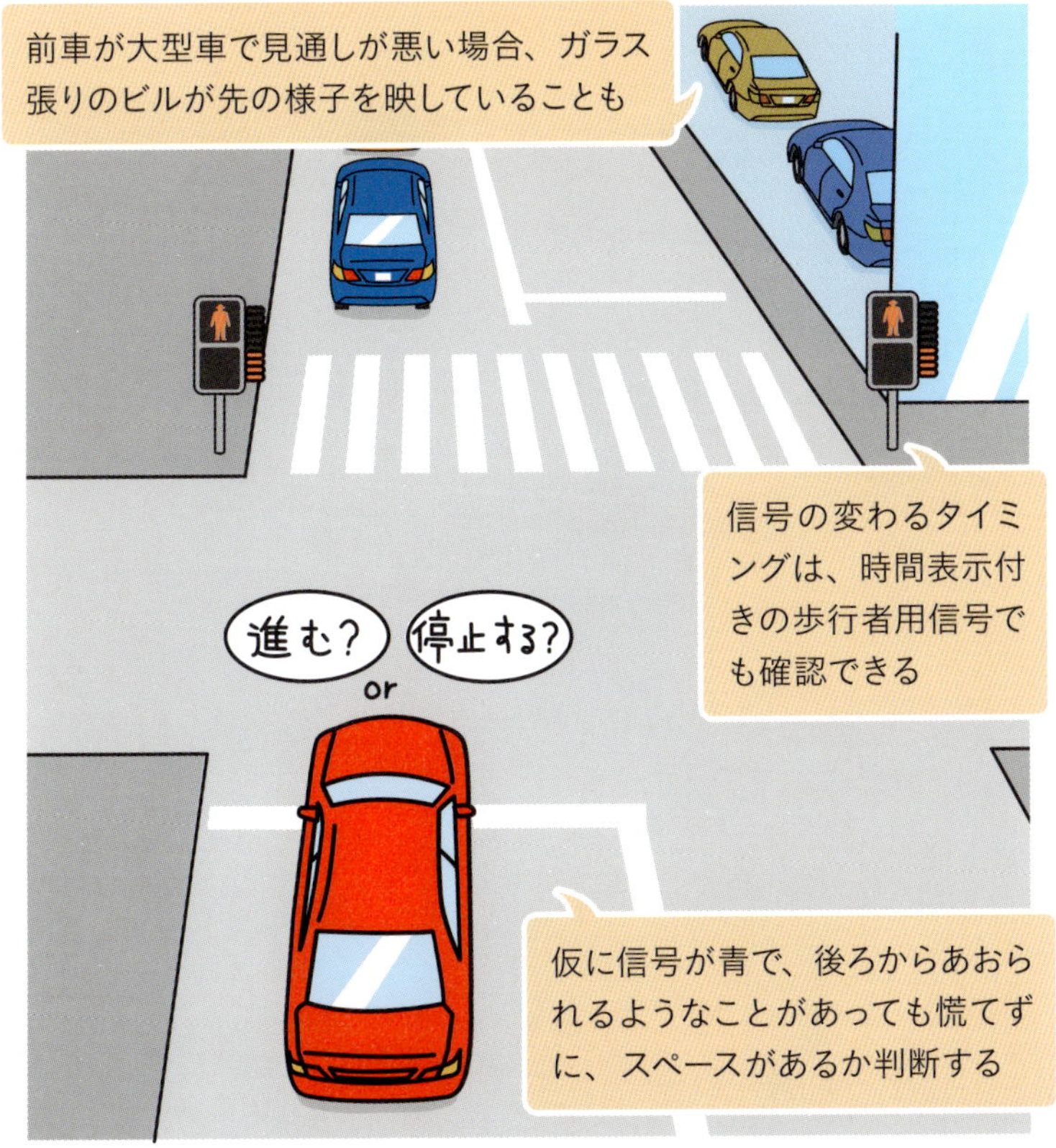
前車が大型車で見通しが悪い場合、ガラス張りのビルが先の様子を映していることも
信号の変わるタイミングは、時間表示付きの歩行者用信号でも確認できる
進む？
or
停止する？
仮に信号が青で、後ろからあおられるようなことがあっても慌てずに、スペースがあるか判断する

トラブル 6

パンクしてしまった

程度を確認してできる処置を行う

釘を踏んで抜けない状態のものから、路肩でサイドを切り裂いてしまうものまで、パンクにもいろいろあります。タイヤの損傷具合で対処法も違ってきますので、次の異常を感じたら安全な場所に車を停めてチェックしてみてください。

- **ハンドルがぶれたり左右に取られる場合は、パンク初期症状かも**
- **路面の感覚に違和感を覚えたら、空気が抜けている可能性あり**
- **道路を削るような音がしたら、すぐに停車してタイヤの確認**

パンクしていたときの対処法

ケース 1 応急処置してプロのもとへ

タイヤは**釘を踏んだ程度では空気が一気に抜けることはありません**。修理に対応してくれるところが近所にあれば向かい、なければロードサービスに連絡しましょう。カー用品店では応急処置用のパンク修理剤も販売されているので、気になる人はチェックしてみましょう。

ケース 2 自分でタイヤ交換にチャレンジしてみる

側面を切ったり、完全に空気が漏れてしまう場合は走行不可、スペアタイヤとの交換が必要です。安全な路肩へ移動して交換しましょう。幅の狭いスペアタイヤは空気圧や最高速度に要注意。あくまでも応急処置です。

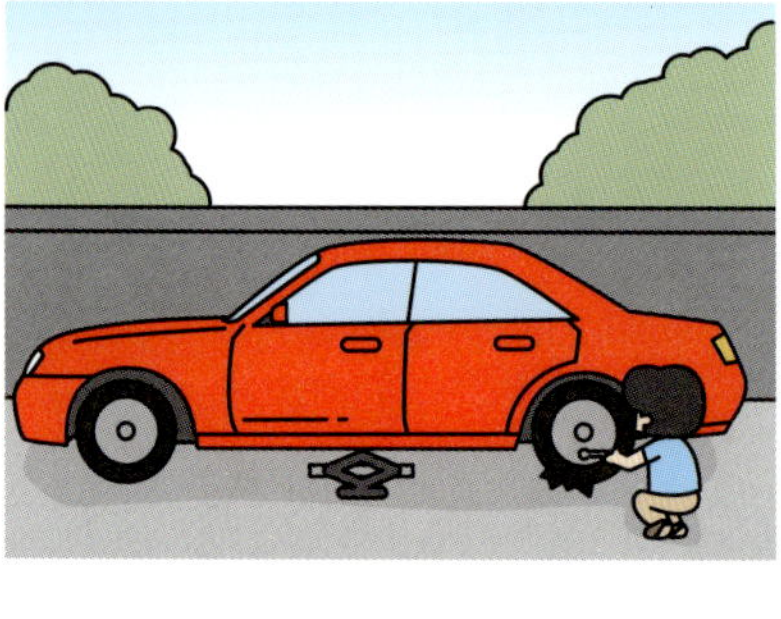

タイヤ交換の手順

使用する工具

- □ジャッキ
- □レンチ
- □バー
- □あれば軍手

1 路肩など水平なところに停車し、固く締まったホイールナットを、レンチで緩める。

2 ボディ下部のジャッキアップポイントに当たるようにジャッキを設置して、バーで回して車体を持ち上げる。

3 ナットのつけ外しはタイヤが地面に軽く接している方が楽にできる。ナットを緩めてタイヤを外す。

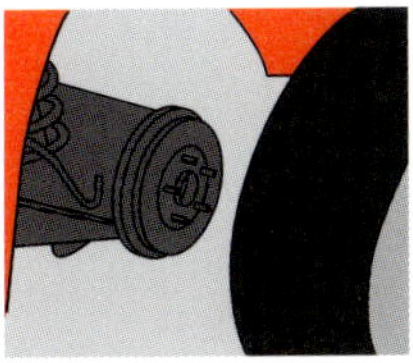

4 スペアタイヤをはめたら手でナットを切って仮固定する。そのあと均等に締めつけていく。

5 ジャッキを下げてナットを締めるが、隣のナットを順番に、ではなく1個飛ばしで2周するよう締める。

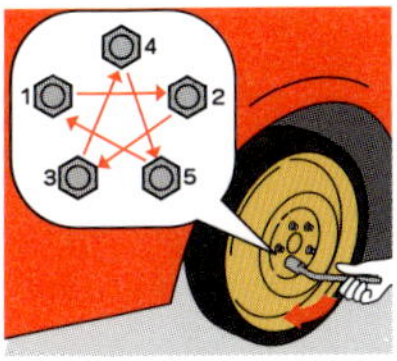

6 スペアタイヤを足で踏むなどして、空気が十分か、また漏れていないかを確かめる。

安全のためのチェックポイント

- 交換する場合は、サービスエリアや路肩など安全な場所で行う。
- 軍手があると作業が楽なので常備しておく。
- エンジンは切って作業する。
- 交換後、数キロ走行したらナットを再度締め直す。
- スペアタイヤの空気圧に注意。
  ガソリンスタンドなどでプロに確認してもらう。

トラブル
7
事故を起こしてしまった

もしもの場合は落ち着いて対処を

どんなに安全運転を心がけていても、絶対事故を起こさないという保証はありません。第三者が起こしてしまった事故に立ち会う場合もあるでしょう。もしものときに備えて、事故の対応を確認しておきましょう。

当事者の場合、救急車はもちろん警察を呼んで実況見分を行います。これを行わないと**事故証明が発行されないため保険が利用できず、修理費用が実費になってしまいます**。保険会社も事故の詳細を確認して責任割合を決めるので、冷静に対応しましょう。

事故後の対応手順

1 負傷者の救護

まずは**人命優先。ケガをしている人を助けましょう**。骨折の疑いや頭を打っている人はとくに注意が必要です。

2 救急、警察への連絡

救急隊、警官が早く到着できるよう正確な場所を伝えましょう。近所に交番があれば直接行ってもOKです。高速道路の場合は近くの非常電話から道路管理センターに連絡し、事故の状況を伝えましょう。

3 ロードサービス、保険会社への連絡

任意保険の会社への連絡も忘れずに。実際に取り扱っている代理店にも一報を入れるようにしましょう。

4 現場検証への立ち会い

責任割合が決まるため「誠意」といっても**事実と違う話には絶対同意はしない**ようにしましょう。

5 相手との連絡先の交換

連絡は保険会社や弁護士からという人もいますが、**連絡先は必ず確認しましょう**。

トラブル 8

緊急車両が接近してきた

不測の事態に備え停車して待機を

サイレンが聞こえてきたら、減速して緊急車両の位置を確認します。

基本的に後ろからくる場合は路肩に寄って停車、交差点で左右のどちらかからくる場合は、停車して通過するのを待ちます。救急車両からどのように停まるか指示があればそれに従いましょう。

中央線を越えて反対側の車線を走ったり、通常の車とは違う走行もするため、対向車線を走っている場合でも不測の事態に対応できるよう減速や停車するのが良いでしょう。

緊急車両対処法

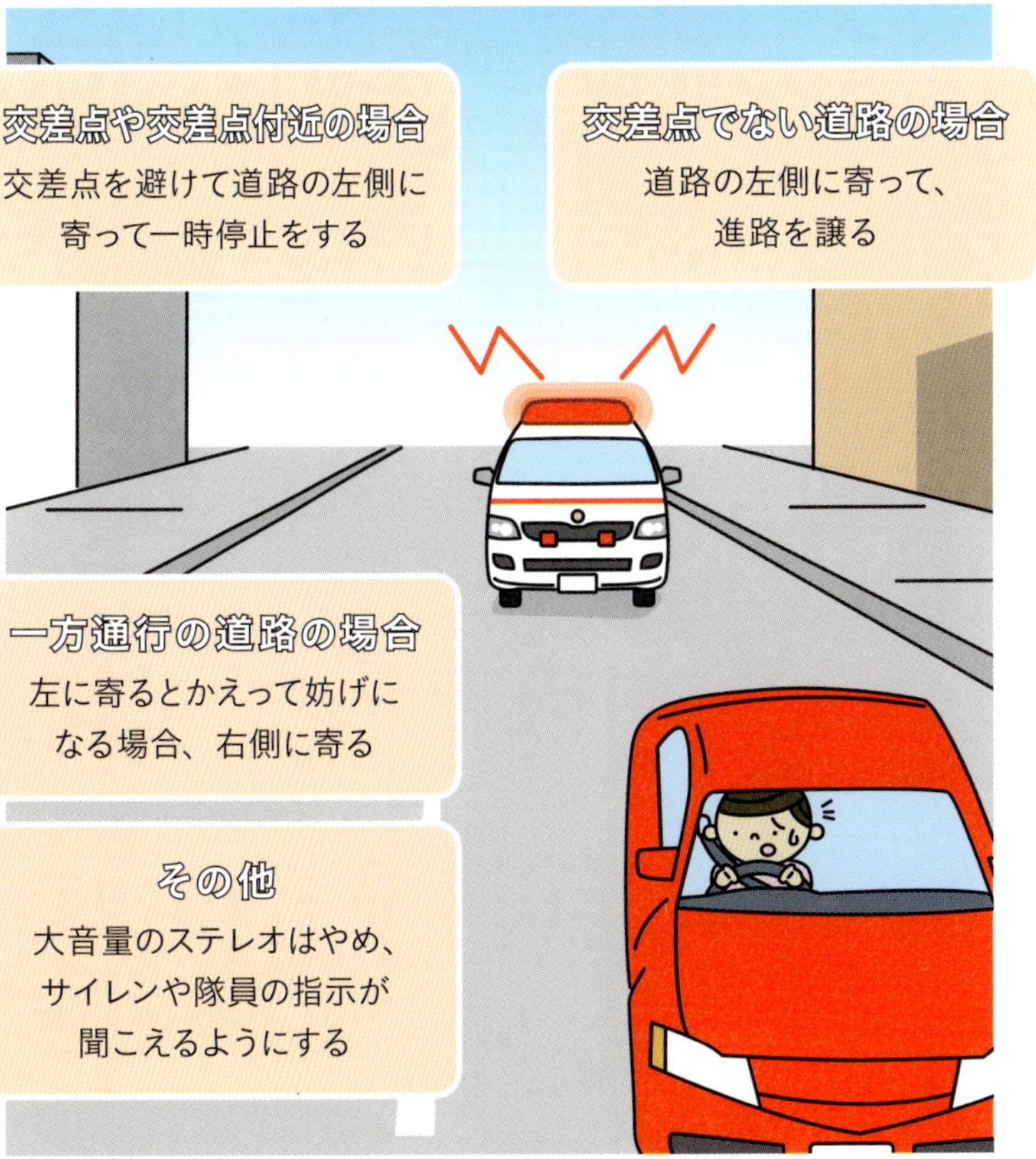
交差点や交差点付近の場合
交差点を避けて道路の左側に寄って一時停止をする
交差点でない道路の場合
道路の左側に寄って、進路を譲る
一方通行の道路の場合
左に寄るとかえって妨げになる場合、右側に寄る
その他
大音量のステレオはやめ、サイレンや隊員の指示が聞こえるようにする

トラブル 9

ケガ人が出てしまった

応急手当てで救命率を高めよう

もし事故を起こしたり巻き込まれてケガ人が出た場合は、できるだけ速やかにケガの状態を確認し、応急救護処置を試みます。

応急救護処置には、心肺停止などの負傷者を救命する一次救命処置と、心肺停止以外の状態を悪化させないための応急手当てがあります。負傷者の救命率が高まる重要な行為なので、ケガ人を見たら必ず行いましょう。自信を持って実行できるよう、普段から処置方法を確認しておくことも重要です。

一次救命処置の流れ

1 反応を確認する

肩を優しく叩きながら大声で呼びかけてみます。目を開けたりする反応があるかどうか確認しましょう。

▼

2 119番・AEDを依頼する

反応がなければ、大声で助けを求め119番へ通報し、AED（自動体外式除細動器）を持ってきてもらうなどの依頼をします。

▼

3 呼吸を確認

胸と腹部を見て、**動きがあれば気道を確保し安静**に。**嘔吐などがあれば横向きの姿勢**にしましょう。

▼

4 心臓マッサージを行う

動きがない場合は心停止と判断し、**胸部を圧迫して心臓マッサージ**を試みます。胸の真ん中を強く速く圧迫します。

▼

5 人工呼吸をする

心臓マッサージを30回続けたら、そのあと気道を確保して人工呼吸を2回行います。そのあと、呼吸が戻るか反応があるまで心臓マッサージを30回、人工呼吸を2回のセットを繰り返します。

心臓マッサージの手順

1 位置と手の添え方

マッサージをする場所は、胸の上下左右のちょうど真ん中あたりにある「胸骨」と呼ばれる部分です。その下半分に、片方の手のひらの根元、その上にもう片方の手を重ねます。対象者が子どもの場合は強さの加減を判断して片手で行います。

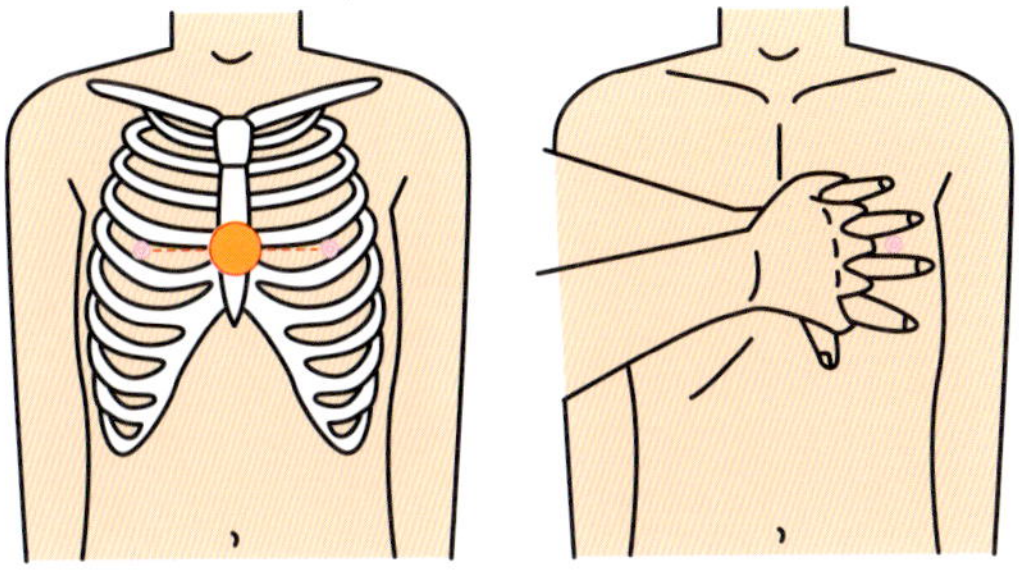

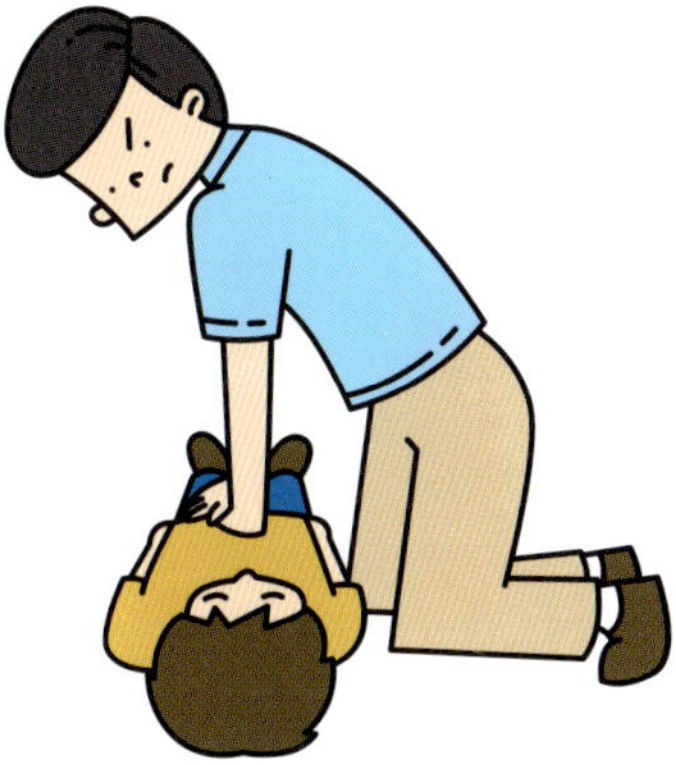

2 圧迫の方法

手を置いたまま、両肘を伸ばし圧迫する場所の真上に自分の肩がくる姿勢をとります。そのまま、対象者の胸が約5cm沈み込む程度に、強く、素早く圧迫します。対象者が子どもの場合は、胸の約$\frac{1}{3}$が沈み込む程度に圧迫します。

3 テンポの目安

圧迫は1分間に100～120回を目安に続けてください。人工呼吸の技術を身につけている人は、圧迫30回に人工呼吸2回を繰り返します。人工呼吸に自信がない、人工呼吸用の吹き込み用具等がない場合は圧迫を繰り返します。

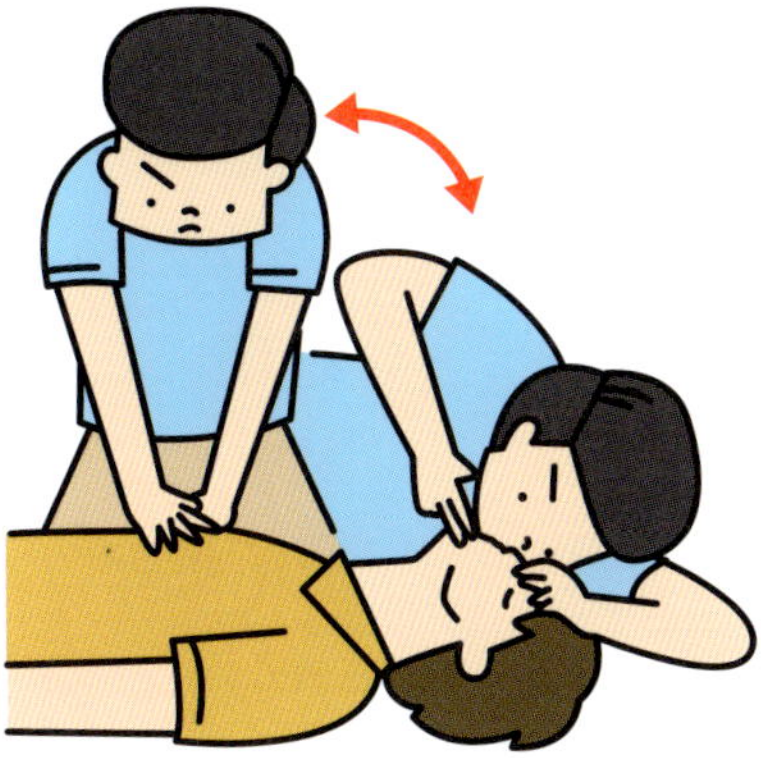

【 救急隊が到着したら、速やかに隊員と交代しましょう 】

次ページにつづく

AEDの使い方

1 電源を入れる

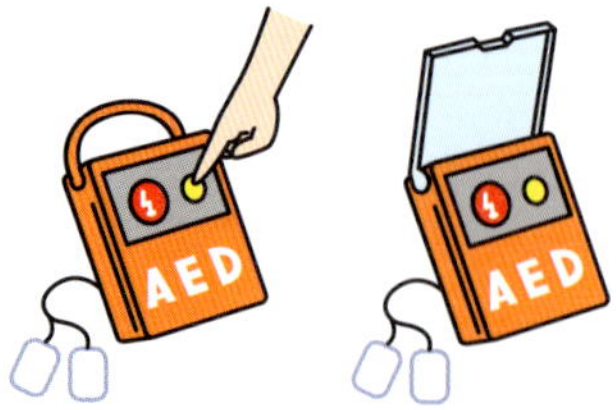

スイッチを押して電源を入れます。機材によっては、蓋を開けると自動で電源が入るものもあります。

2 電極パッドを取り出す

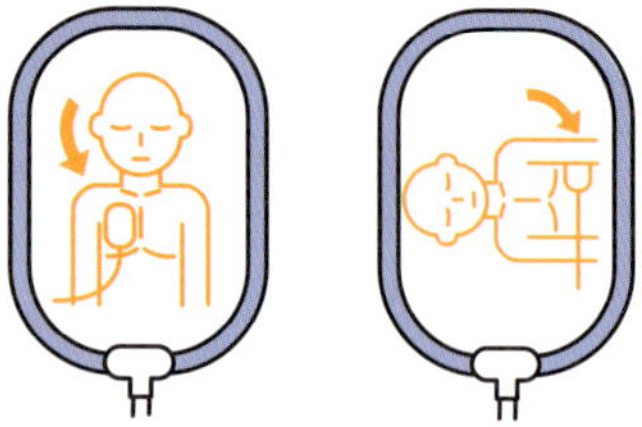

コードを目印に電極パッドを取り出します。イラストや、本体の映像で貼る位置を指示してくれます。

3 電極パッドを肌に貼り付ける

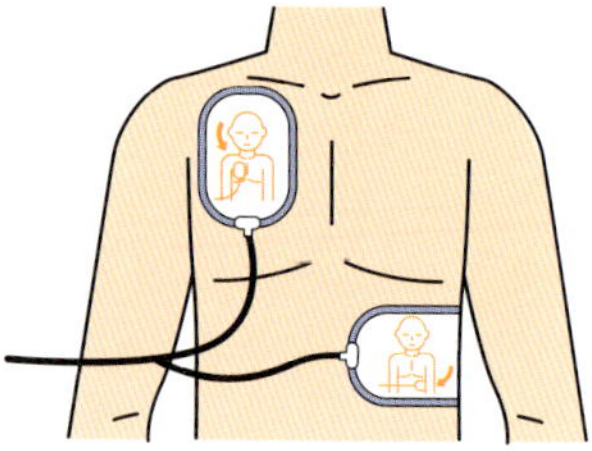

皮膚に密着するように汗などは拭き、ペースメーカーがある場合はその上を避けましょう。

4 心電図をチェックする

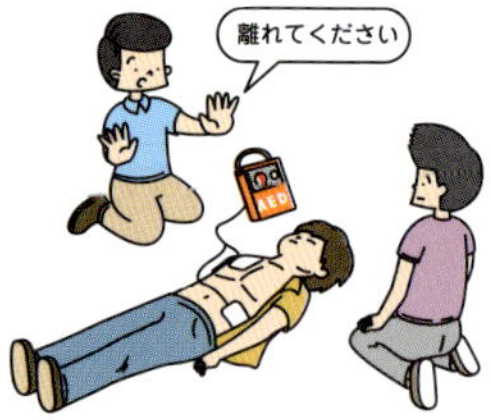

AEDが心電図をチェックし、電気ショックが必要か判断をします。このとき、対象者に触れないように注意。

5 最終確認

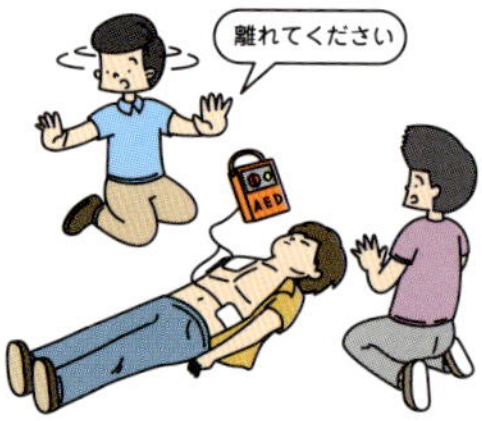

チェックが終わったら音声などで案内が出ます。自分を含め、誰も対象者に触れていないことを確認します。

6 ショックボタンを押す

点滅しているショックボタンを押します。その後、電極パッドをつけたまま、心臓マッサージをしましょう。

※AEDには音声とランプ、映像などで使い方を指示してくれる機能が備わっています

応急手当てについて

① ケガ人を安静に保つ

救急隊が到着するまで、**ケガ人が楽になるような姿勢をとり安静を保ちます。**心肺蘇生が必要な場合は仰向けに。嘔吐や吐血がある場合や、止むを得ずそばを離れる場合は回復体位（横向きに寝た姿勢）にしておきます。

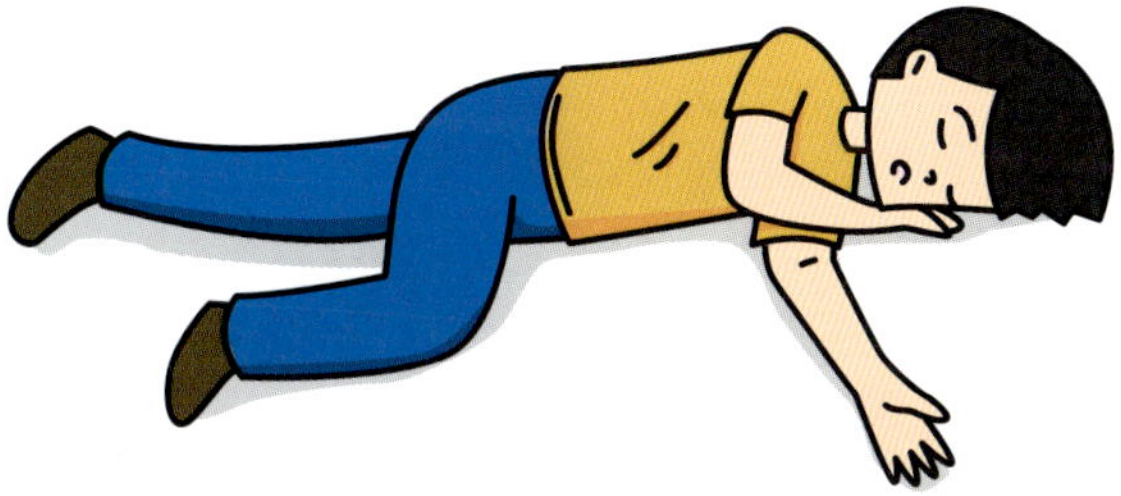

回復体位のポイント

気道を確保するように下あごを前に出し、
両肘を曲げ、上側の膝を約90度曲げて
対象者が後ろに倒れないようにする

② 出血があれば止血する

ケガなどで出血が多い場合は、命の危険があるため止血の手当てを。出血部位にガーゼや布などを当て、直接圧迫して止血する方法が推奨されています。圧迫しても出血が止まらない場合は、位置がずれている、圧迫する力が弱いなどの理由が考えられます。止血の際、**血液に触れると感染症を起こす危険性があるので、ビニール手袋や、ない場合はビニール袋を代用して行う**ようにしてください。

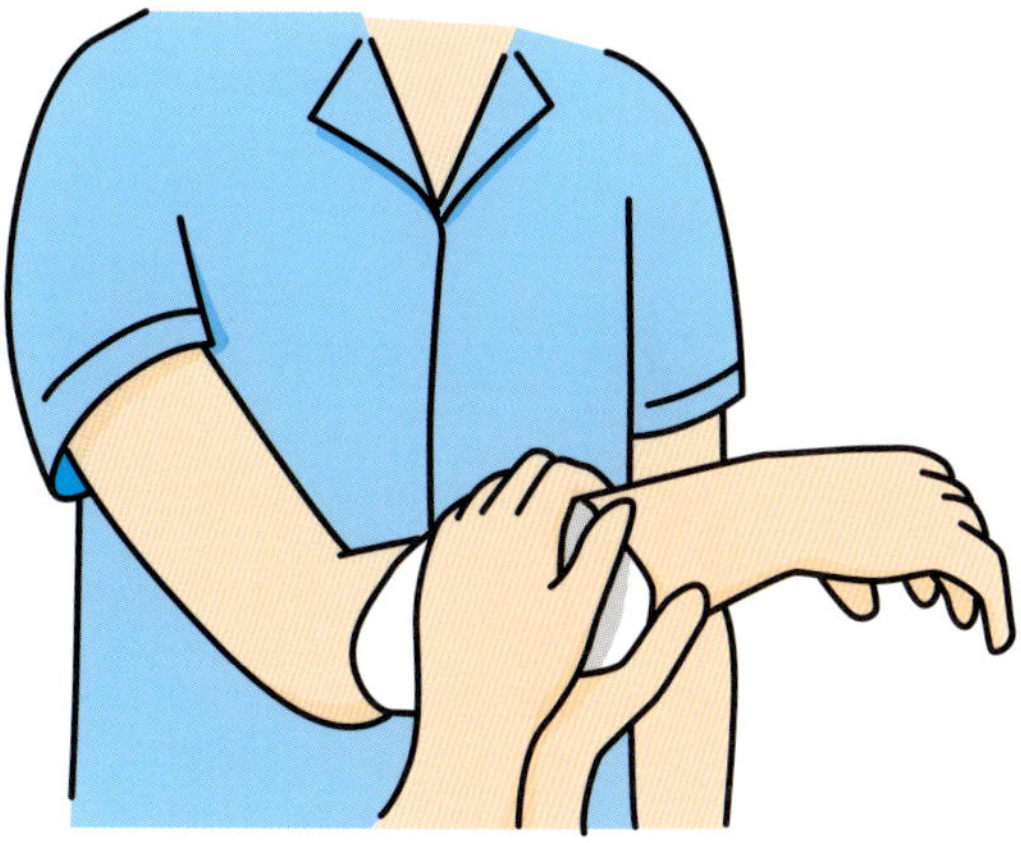

③ やけどの手当て

水道の流水で痛みが和らぐまで冷やします。やけどの範囲が広いなら、**体温が下がらないよう10分以上の冷却は避けます。**水疱ができている場合は、潰れないように注意して、ガーゼなどで覆います。

④ 骨折の手当て

手足が変形している場合は骨折している可能性が高いため、できるだけ動かさないようにします。移動する場合、痛みが強いようなら添え木などで固定し痛みを緩和してあげましょう。

走行中に地震が起きた

揺れている間は停車し車内で待機を

運転に支障をきたすほどの大地震が起きた場合は、急ブレーキや急ハンドルは避け、できる限り速やかに停車させます。ガラスなどの落下物もあるので、車内で一時待機します。

揺れが収まった段階で、緊急車両が通行できるよう、陥没など路面に注意しながら車を路肩に寄せ、停めます。停車させたら貴重品や常備している救急用品を持って、徒歩で避難します。車は緊急事態で移動することも予想できるため、キーをつけたまま置いていくようにします。

一般道での対応

情報の把握を
カーラジオ等で地震情報や交通情報を把握しましょう

火の手が迫ってきたら
窓を閉め、ドアも施錠せず、キーをつけたまま避難します

車は左側に寄せる
緊急車両が通れるように、交差点を避け、道路の左側に寄せて停めましょう

落下物に注意！
看板やガラスなどが落ちてくる場合もあるので、慌てて車外に出ないこと

緊急車両の通行の妨げになる場合は、車両の移動を命じられたり、許可なく撤去される場合があります

高速道路では

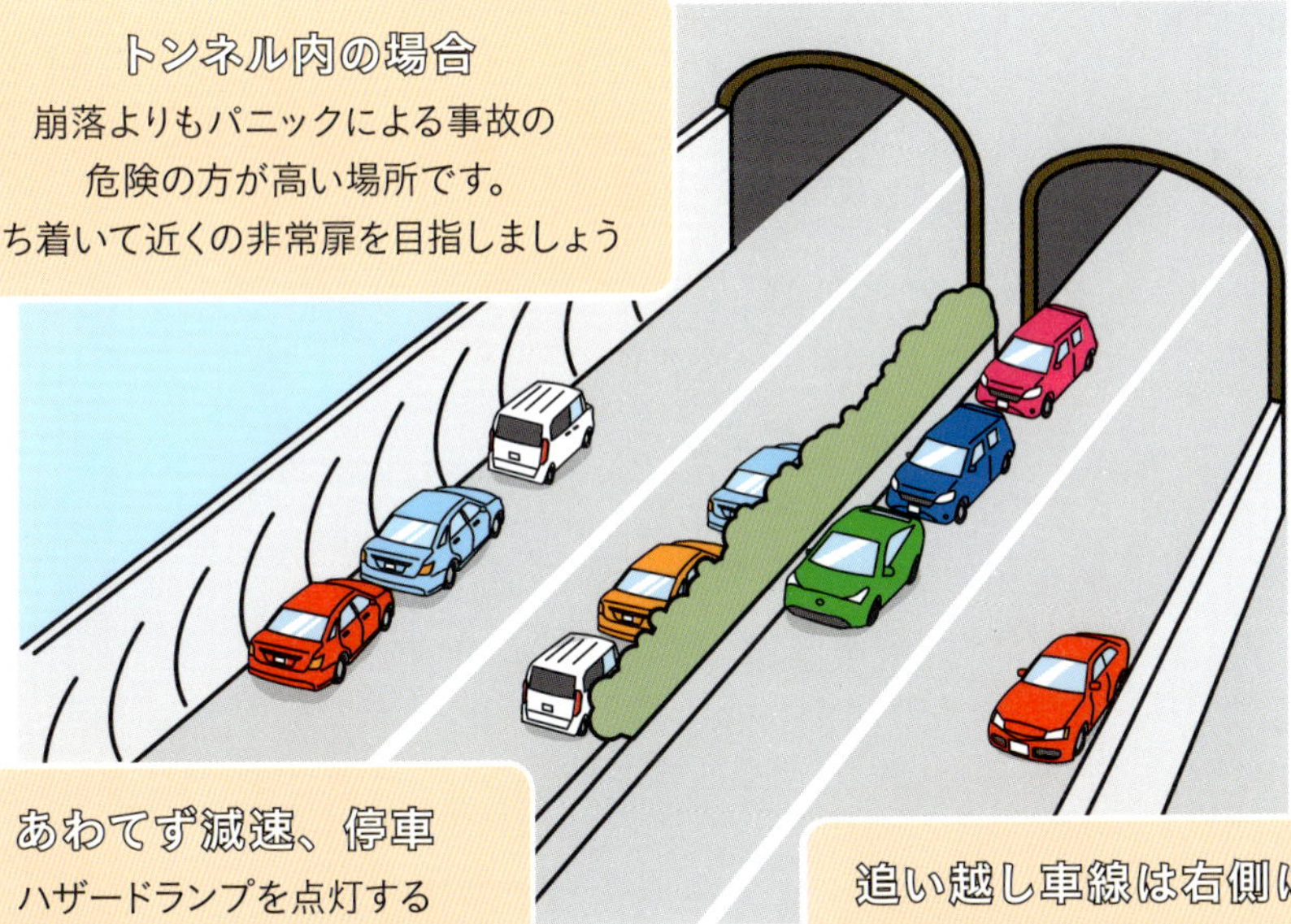

トンネル内の場合

崩落よりもパニックによる事故の
危険の方が高い場所です。
落ち着いて近くの非常扉を目指しましょう

あわてず減速、停車

ハザードランプを点灯する
などしてから、緩やかにスピードを
落として左側に停車します

追い越し車線は右側に

道路の中央を空けるように
右側に寄せて停車します

高速道路では停車した後、車内で待機し、
警察や道路管理者からの指示や案内を待ちます

ベテランドライバーのためのポイント

交通規制道路を知っておく

震度6弱以上の大地震が起きた場合、都道府県それぞれで指定された道路が通行・進入禁止となります。これは自衛隊を含む緊急車両専用の路線とみなされるためです。走行中の場合も、速やかに指定道路外の場所に移動しましょう。各地域の交通規制道路は警察庁のホームページで確認することができます。

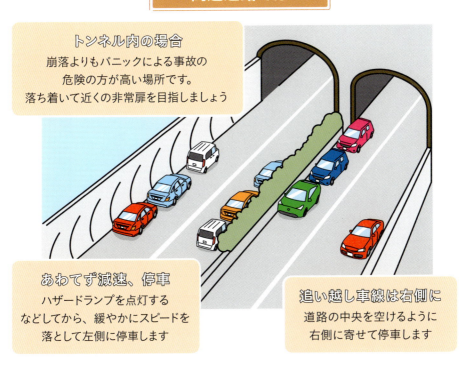

トラブル 11

異音や異臭を感じた

自分で対処できないものは業者や救助を呼びましょう

走行中に異音などの異常に気がついた場合は、まず減速してください。各ミラーで左右や後部から煙が上がっていないかも確認します。異音や異臭、煙が出た場合は計器類や警告灯に何かしらのサインが出ているはずなので必ず確認しましょう。異常が継続するなら、ハザードランプを点灯して安全な場所に停車し、乗員全員で脱出、救助を要請しましょう。

また、液漏れに気がついた場合は、わずかなオイルにじみ以外、自走は無理です。修理業者を呼びましょう。

【 意外と気がつきにくい煙 】

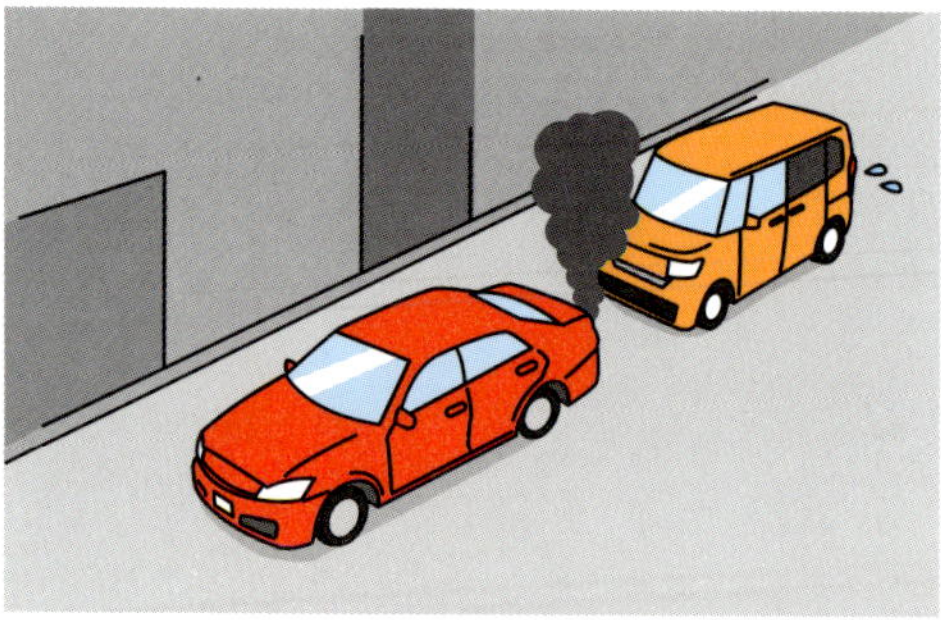

自車から出ている異臭や煙は、**エンジン周りのトラブルの可能性**が大きいです。走行中、煙は風で後ろに流れることも多く、気がつきにくいため後続車に教えてもらったり、ルームミラーで気がつくことも多いようです。減速して確認したら、安全な路肩に停めてロードサービスに連絡しましょう。

【 液漏れの色と臭いを確認する 】

駐車中に気がつくことが多い液漏れは、**液の色と臭いをチェック**します。ポンプで循環させていることが多いため、停車中は少量の漏れでも、走り出すと圧力がかかり大量に漏れ出すこともあるので注意が必要です。理由がわからない場合は、**エンジンをかける前に修理業者やディーラーに連絡して相談しましょう。**

トラブル 12

バッテリーが上がってしまった

他車から電気をもらってエンジンを始動させる

渋滞中のオーディオ設備の使いすぎや長時間停車中のハザード点灯などで発電機の異常が起き、バッテリーが上がってしまうことがあります。エンジンをかけようとして、クシュクシュ音がする程度なら、他車からブースターケーブルで電気を分けてもらえれば始動できます。

注意したいのは、始動してもバッテリーはまだ空ということ。安心してエンジンを止めないようにしてください。作業が難しい場合はロードサービスに連絡しましょう。

ケーブルのつなぎ方

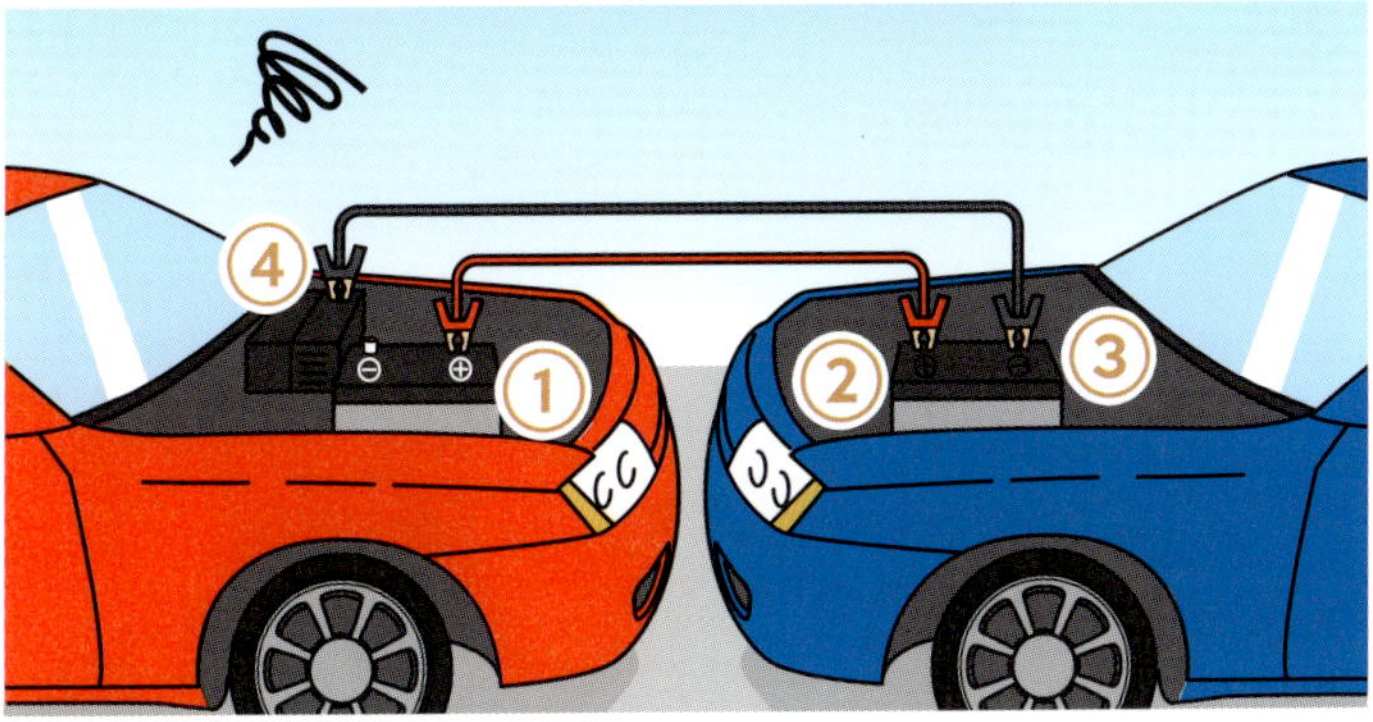

①故障車のプラス、②救護車のプラス、③救護車のマイナス、④故障車のエンジンの金属部分（エンジンブロック）の順につなげます。エンジンをかけるとき、救護車のエンジンも空ぶかしして発電量を増やします。

ベテランドライバーのためのポイント

電気自動車の場合は？

ハイブリッド車や電気自動車の場合、ケーブルをつないだり、自力でなんとかしようとする行為は感電や、さらなる故障の原因になるため絶対にやめてください。ロードサービスなどに電話することがベストです。

トラブル 13

路上や踏切で止まってしまった

安全を確保して周囲に異常を知らせる

路上や踏切で車が止まってしまった場合は、大きな事故に直結しないよう、落ち着いて対処しましょう。

路上の場合は、車が手押しで移動可能なら安全な場所まで退避させましょう。踏切の場合は一刻も早く、乗員全員が車から離れて安全な場所に避難します。そのあと、発煙筒や非常ボタンで異常を知らせます。

安全を確保したらロードサービスに連絡し、救援を待ちます。危険なため、知識がないのであれば自分で直そうとしないことが大切です。

路上

【　まずは路肩に移動　】

最初に**ハザードランプを点灯し障害を知らせます。ギアはニュートラルに入れて、車がまだ動くなら惰性で路肩に寄せます**。押すときは前席の窓を開け、外からハンドル操作をしつつ支柱（ピラー）の根元部分を押します。路肩に移動したら、三角表示板などで後続車に知らせます。

踏切

【　安全を確保し列車に知らせる　】

エンジンが止まった、あるいは脱輪した、どちらの場合も**大切なのは乗員の安全と警報装置による通報**です。もし警報装置による通報ができない場合は、発煙筒や、煙が発生しやすいものを燃やして列車に知らせましょう。乗員は全員、線路外の安全な場所に退避します。

トラブル 14

タイヤがはまってしまった

人に押してもらうのはNG 自力脱出か牽引で

大雨のあとなど、泥や砂、へこみにタイヤがはまって空回りしてしまうことがあります。この場合は、誰かに後ろから押してもらう方法を試そうとする人も多いはず。しかし、これ止めたほうが良い対処法。この場合、押す人ははまったタイヤの真後ろにいるため、脱出できた瞬間に、**空転するタイヤによって撒き散らされた泥や砂、小石類を浴びてしまう羽目になり、大変危険**なのです。

　もし自力で脱出できない場合は、他車による牽引を要請しましょう。

自力脱出の方法

ケース1

ぬかるみや砂地の場合

空回りしないよう、タイヤの下側に**毛布のような厚手の布、板、石などを敷きます**。当て板を敷いたジャッキで車体が持ち上げられれば難しくないですが、無理な場合は少しずつ潜り込ませ、空回りを防ぎます。

ケース2

バックで脱出する場合

バックが可能な段差のような形状に引っかかって動けない場合は、**一度前進を諦めて、少しバックして勢いをつけてから前進**します。バックしたときに楽に上がれそうなルートを見直してみるのが良いでしょう。

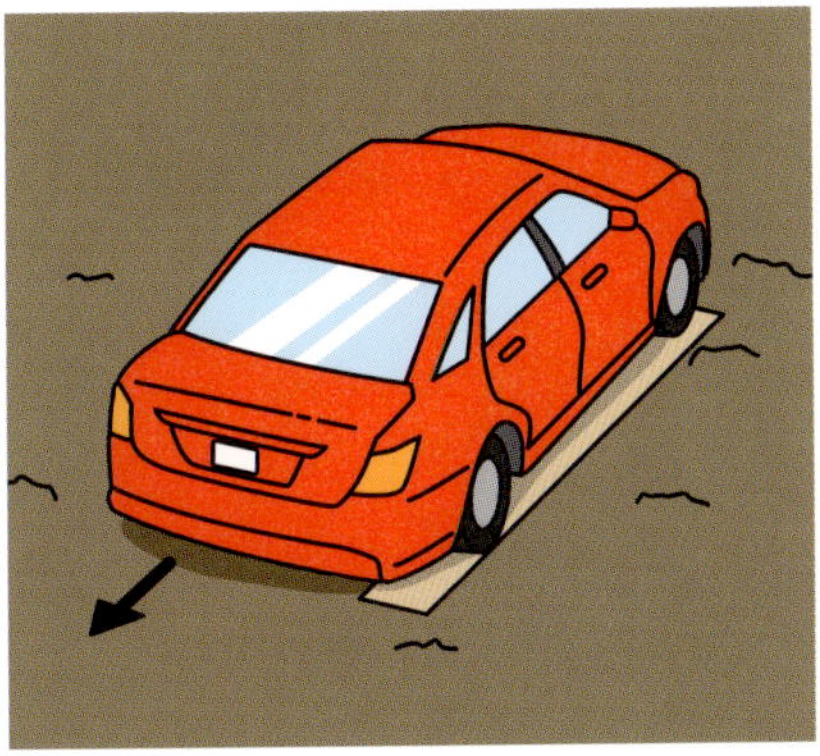

前方で事故が起きたら

まず、万が一走行中に前の車が事故を起こした場合でも対処できるよう、日頃から十分な車間距離を取って走行しましょう。事故が起きた場合は、ハザードランプを使って後続車に異変を知らせ、被害の拡大を防止するようにします。
できるだけ速やかに119番、110番に連絡をし、可能な場合は、**自車を安全な場所に停め、ドライバーの救出を試みましょう。**
事故車はガソリンが漏れていたりした場合、**爆発の危険性があるので注意**しましょう。

海や川に落ちた！ どうやって脱出する？

車が水没した場合、水圧でドアが開かないことがあります。電気系統が生きていたらパワーウィンドウは動くので、まず確認します。開かない場合は窓ガラスを割って脱出します。**専用のハンマーや、タイヤレンチなどの工具、何もない場合はポリ袋に詰め込んだ小銭などで**サイドミラーに近い窓の端部分のガラスを狙って割ります。フロントガラスは丈夫なため割れません。割れた直後は入ってくる水と割れ口に注意して脱出しましょう。

道に迷ってしまったら

運転中に、自分が今どこを走っているのかわからなくなってしまう。一度はそんな経験があると思います。迷いながらの運転は、注意力が散漫になり、実は大変危険な行為なのです。カーナビなどを持ち合わせていない場合、一度安全な路肩に停め、電信柱などの現在地を確認するか、通行人に聞くなどするのが一番です。また、近くのコンビニなどのお店に入り、地図と一緒に店員に教えてもらうのも良いでしょう。もし、カーナビなどが備わっていても、必ず停車して操作しましょう。

インロックしてしまった

車のトラブル案件の上位に必ず入る、鍵の閉じ込め。盗難対策が進んだため、簡単に開けることはできません。無理にこじ開けようとすると車体に傷がつき、修理代がかさむ原因に。スペアキーが用意できない場合は、ロードサービスに連絡をして開けてもらいましょう。トラブル防止のためには、普段からスペアキーを常備しておくのが一番です。防止のため、キーを使ってロックする習慣をつけておくのもよいでしょう。

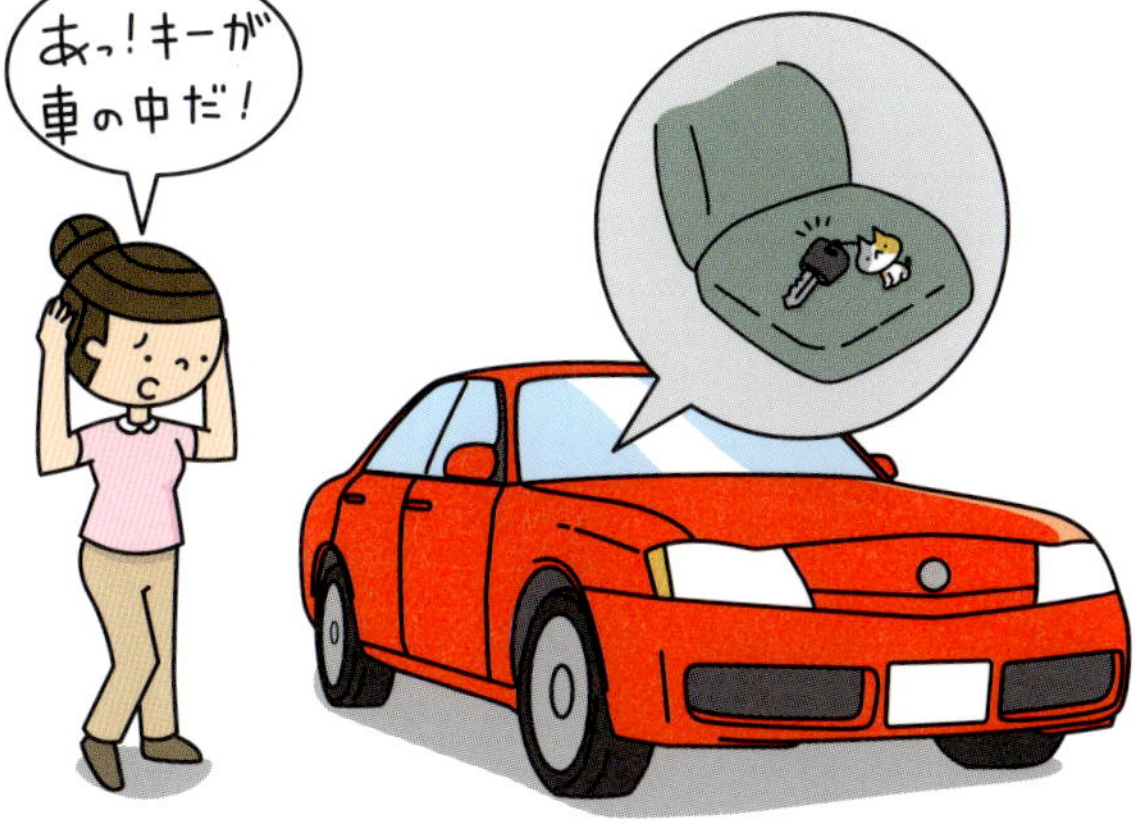

事故例

ベテランだからこそ気をつけたい事故例

「いつも大丈夫だから」は大敵 しっかり確認を

昨今は高齢者世代の事故が話題ですが、実は人口10万人あたりの事故率は20歳ぐらいまでの事故数と、80歳ぐらいから上の高齢者の事故数はほぼ同じといわれています。10代は運転未熟、80代以上は老眼など認知機能の衰えが要因となった事故が多いと考えられています。

さらに事故は家の周り半径500メートルで起こるものが多いとの統計も。つまり慣れた道での気の緩み、確認不足に気をつけるのが、事故防止への近道といえるでしょう。

運転するときは常に緊張感をもつ

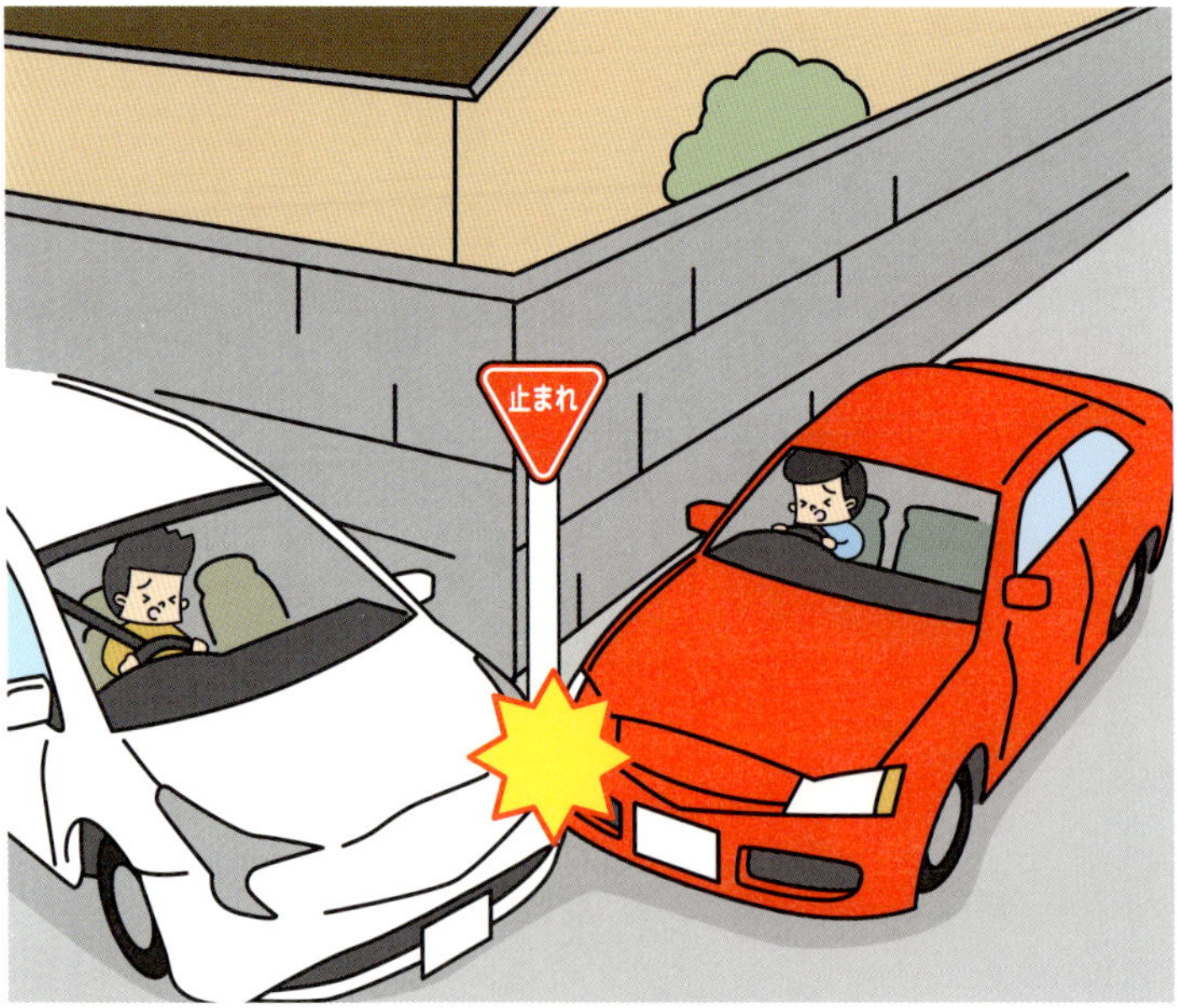

事故は道路上で起きるものとは限りません。駐車場からの発車時、あるいはバック時に、誰かがいることに気がつかず巻き込んでしまうというケースも珍しくありません。車を動かすときは、確認を怠らずいつでも一定の緊張感を持つように意識しましょう。次のページからは、走り慣れた道で起こりやすいケース別の事故例と、そうなる前に意識するポイントを紹介します。

ケース1 アクセルとブレーキの踏み間違い

アクセルとブレーキは交互に踏み換えながら操作するため、踏み間違える危険性は誰にでもあります。駐車場の発進時に起きることが多い事故で、ベテラン世代がそのほかの世代よりも多いのも特徴。またこの世代では、後退時の事故割合も高いので、注意が必要です。誤操作の要因は慌てていたり、パニックになること。間違いに気がついて、慌てて反射的にさらに踏み込んでしまわないよう、冷静な対応が求められます。

正しい姿勢を意識して

防止するには**自動ブレーキシステムが搭載された車に乗るのが有効**です。姿勢のズレが感覚を誤らせるため、ペダルの位置を確認して、**正しい姿勢を心がけること**も重要です。

ケース2 油断による脇見運転

登下校の児童の列に車が突っ込んでしまう痛ましい事故はどうして起こるのでしょう? 理由のひとつとして、注意力が散漫になって、周囲の確認などを怠ることが考えられます。ラジオを操作するなどほんの一瞬、目を離した隙にでも事故は起こり得るのです。慣れた道だからと、別のことにとらわれたりせず、安全確認を常に行いましょう。**視力などの認知機能が衰えている場合は、特に注意が必要**です。

補償運転を実践して

子どもが多い**夕方の通学時間は特に視界も悪いため、あえて運転しないのも方法**のひとつです(➡P.74 補償運転)。「ゾーン30」などの標識に注意し、慣れた道であろうと前方などの安全確認もしっかり行ってください。

次ページにつづく

ケース3 逆走による事故

道路の逆走、とくに高速道路上での逆走行為による事故が問題となっています。国の調査によると、高速道路での逆走は2日に1回の割合で発生しており、そのうち約半分が、死者を出す案件となっています。逆走をした運転者だけでなく、正しく運転している人にも被害が及ぶケースも多いです。逆走をしないことが大前提ですが、逆走していることに気がついたとき、どれだけ冷静に対応できるかも大切な心得です。

標識、設備を見逃さない

高速道路の場合、インターチェンジの合流部、高速の出口などからの逆走が多いようです。その周辺には必ず注意喚起標識やラバーポールなどが設置されているので、走行中に見逃さないようにしましょう。

ケース4 左折の巻き込み事故

左折の際の巻き込みは、左折する車がいったん停車すると思い、バイクや自転車が直進して起きるものです。**死角から突然飛び出してきたように感じる人も多く**、気がついたときには手遅れに。自動車は死角が多いため、交差点などでは安全確認は必ずミラーだけでなく目視でも実施しましょう。後ろからくるバイクや自転車のスピードを把握するためにも、3回以上は振り返り確認を実施してください。

確認は3回行って

左折時はバイクや自転車、歩行者の確認を以下の3回は行うようにしましょう。確認は必ずサイドミラーと目視で行います。

①左折するためにウインカーを出したとき
②左折する直前　③左折している最中

ケース5 右折と直進の事故

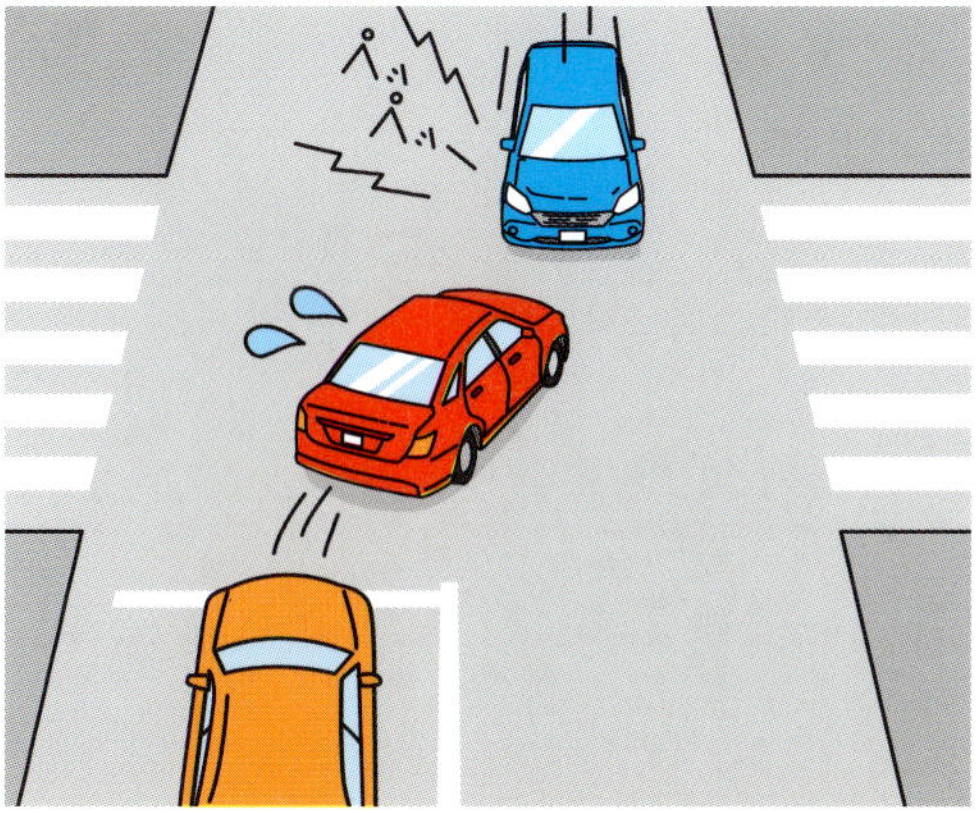

交差点では**直進が一番優先されます。右折の際に直進車に減速する様子がないなら、信号がどんな状態でも曲がらないように**。また、直進車の陰からバイクがすり抜けてくる場合もあるので、見落とさないように注意しましょう。
さらに曲がった先の自転車や歩行者にも注意。常に死角など周囲にも気を配りながら、直進車を確認しつつ右折するようにしましょう。

優先順位をおさらいしよう

交差点での優先順位は①直進、②左折、③右折です。交差点の事故で多いのが右直事故。右折の場合は取り残される不安で焦りがちですが、優先順位を守ることさえ忘れなければ事故を防ぐことができます。

ケース6 よけた先での事故

急に飛び出してきた子どもや自転車などを避けて、ガードレールや対向車に接触してしまうのも多い事例です。突然目の前に現れた動くものに気を取られて注意がそちらに向いてしまうため、気がついたら電柱などにぶつかる直前ということも起こりがちです。
特に**子どもが数人でふざけていたり、カゴに荷物を積んだ自転車、運転席に人がいる停車中の車などは動きが予想できないため注意**しましょう。

いつでも停車できる速度に

狭い路地や住宅街の道は、**周りをよく見ながらいつでも停車できる速度で運転してください**。目だけでなく、首を動かして道路の左右を確認しましょう。

COLUMN 4

事故を起こしやすい性格

事故をよく起こす人というのは確かにいて、せっかちでカッとなりやすいタイプが多いそうです。目先のことにとらわれて反射的に動いてしまい、事故を起こしてしまうのです。

赤信号の変わり目に周りを確認せずに交差点に飛び込んだり、何が何でも前に出たがったり、必要以上の急ブレーキや急発進をしたがる人も要注意です。性格としては、些細なことを気にして、緊張してしまう人。感情の起伏が激しい人。周りから格好良く見られたい人などが当てはまります。

長時間かけて形成された人の性格そのものを変えるのは難しいです。それでも運転時には、いつも以上にゆとりを持つよう心がけましょう。そうすれば、自分自身の傾向が把握でき、不慮の事故を防ぐことができます。

5章

安心安全を
サポートするために

車のメンテナンスやグッズは

安全のために重要な役割を果たします。

各種保険や運転感覚を鍛える方法など

安全運転を実現するための情報を

ここでは紹介します。

日常しておくメンテナンス

タイヤを中心に安全性のチェックを

安全運転のため、車のメンテナンスは持ち主にとって大事な仕事のひとつです。しかし、車のすべてを自分でチェックすることは難しいので、自分でできることとプロに任せることを分けましょう。

メンテナンスでとくに重要なのはタイヤです。ハガキサイズほどの少ない接置面4つで重い車体を支えているので、コンディションの良し悪しが命に関わってきます。溝の間のスリップサインまですり減っていたら交換の時期と覚えておきましょう。

自分でできるタイヤのメンテナンス

- ☑月に一度は空気圧を点検する
- ☑タイヤの溝に スリップサインが出ていないか？
- ☑溝に詰まった小石を取り除く
- ☑キズやヒビがないか？
- ☑ガラス片など 刺さっていないか？

そのほかのメンテナンスポイント

【 ワイパー 】

砂やほこり、汚れを運転前にふき取っておくと車の寿命が大きく延びます。同時に窓もキレイにしましょう。

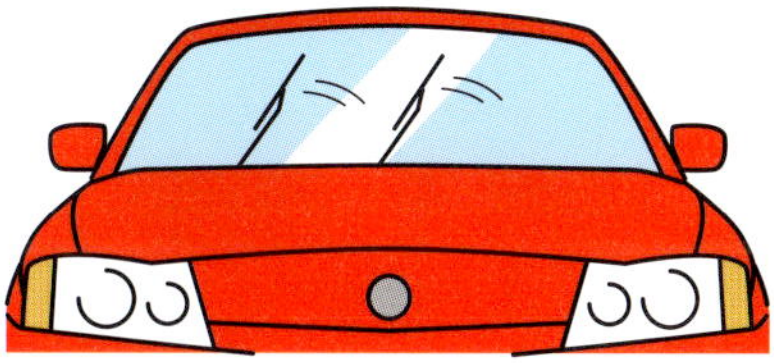

【 エンジン 】

エンジンのかかり具合や、異音がないか、アイドリングは安定しているかなどを確認しましょう。

【 ブレーキ 】

走り出したらまずは強めに、その後弱めにペダルを踏み込みます。異音や利き具合を確認しましょう。

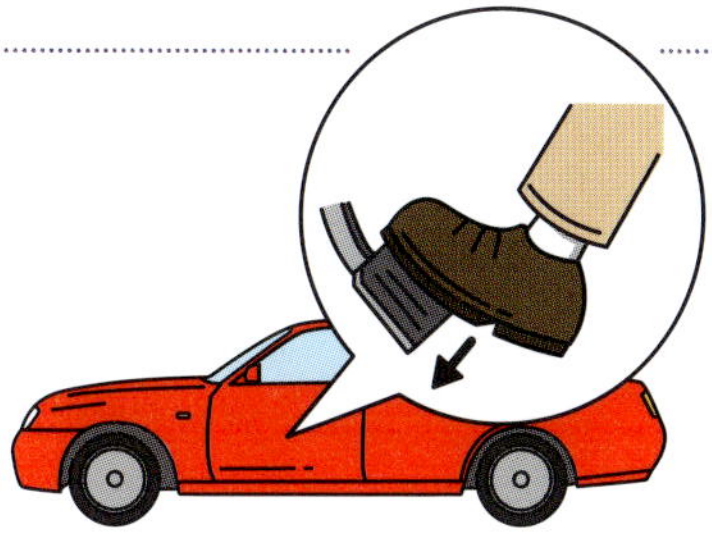

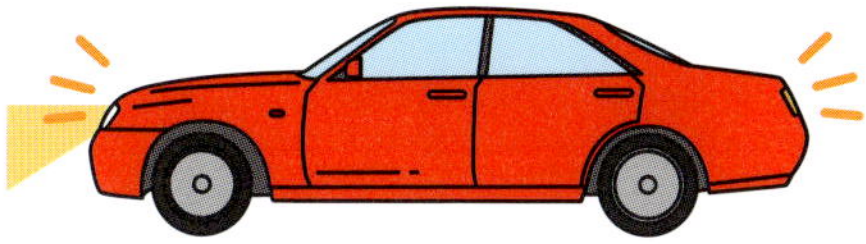

【 ライト・ランプ 】

点灯して目視で確認。球が切れていたら、自分で交換できるものもあるので把握しておきましょう。

【 ウォッシャー液 】

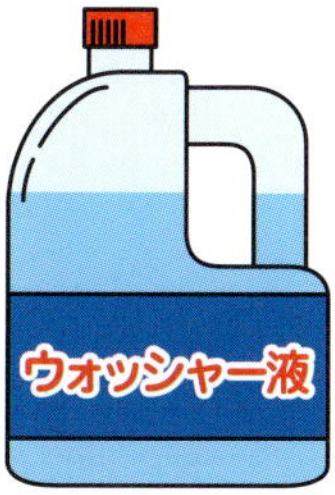

切らしがちなのでこまめにチェックを。後ろの窓の液は別タンクになっている場合もあるので、忘れずに確認しましょう。

【 バッテリー液 】

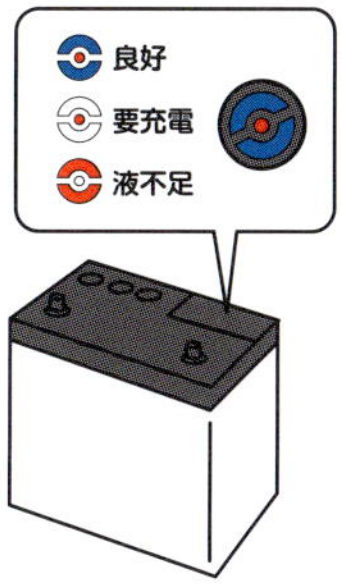

インジケーターや液面が見にくい場合は車を揺すりましょう。充電状況を示すLEDランプで代用しているものも。

年に一度の欠かせない点検

不安や不明なことは馴染みのプロに頼ろう

車には日々の安全チェックとは別に、頻繁に行う必要はないけれど定期的に確認するべき点検があります。これらは12か月点検の際に、ディーラーや修理工場で確認してくれるものです。自分の車の状態を知っておくために、どんな様子だったか聞いておきましょう。

また、日頃運転していてちょっとした不具合や、機械類についての疑問を感じた場合、すぐに相談できる馴染みのディーラー、ガソリンスタンドをつくっておくと安心です。

ディーラーへの相談は気軽に

ディーラーとは、特定の自動車メーカーと契約して車を販売したり、メンテナンスを請け負ってくれる店舗のことです。自分が運転している車のメーカーが、ディーラーと契約していないメーカーだと、相談できないので注意しましょう。

プロに見てもらいたいメンテナンスポイント

【 スパークプラグ 】

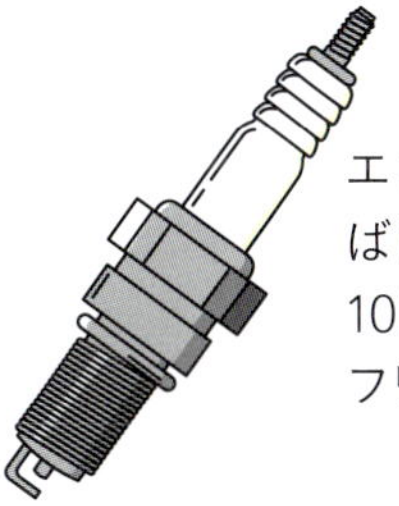

エンジン内に火花を飛ばし燃料＋空気に着火。10万kmまでメンテナンスフリーのものも多い。

【 エアクリーナー 】

エンジンが吸い込む空気から異物を取り除く。詰まるとエンジンパワーが低下する。

【 クラッチオイル 】

マニュアル車のクラッチに、ペダルの力を伝える油圧系オイル。オートマチック車にはない。

【 ブレーキパッド 】

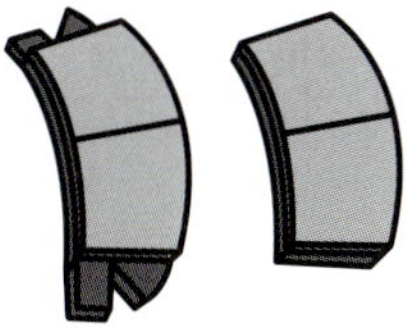

すり減ってくると金属の小突起が出て、引っかくような異音が鳴り、警告する。

【 オートマチックオイル 】

オートマチック車の変速機周辺で重要な役割を担う。変速の際、ショックが大きくなったら交換の時期。

【 パワステオイル 】

ハンドルを軽く操作できるようにする、パワーステアリングの油圧系オイル。

10年または10万km目安でチェックしたい部分☑

☑ブレーキペダル
踏んでもスカスカしてブレーキが利かない場合や、逆に重いと感じたときはすぐにチェックを。

☑クーラント
エンジンを冷却する不凍液。液体が濁っていると効果が薄れるのでチェックを。

☑タイミングベルト
エンジンの動力を伝えるベルト。乗ったときに異音がしたらチェックを。

ベテラン世代におすすめの車とは？

ライフスタイルと安全面が重要に

若いときはクセがあって運転しにくいといわれる車種でも、デザイン優先で乗りこなしていた人もいるでしょう。でもベテラン世代では、安全第一で車を選びたいものです。その場合、今まで乗っていた車と同等か、それよりも小さいサイズの車のほうがおすすめです。車両感覚を維持したまま乗り継ぐことができます。

ライフスタイルに合っているかも重要です。旅行を楽しみたい、近所で買い物ができれば十分など、自分に合った車を選びましょう。

自分にあった車種を見つけよう

【　セダン　】

- ☑乗り降りがしやすい
- ☑安定した走行
- ☑エンジン音が比較的静か

【　軽自動車　】

- ☑小回りがきく
- ☑燃費が良い
- ☑税金、保険が安い

【コンパクトカー】

- ☑大きさ、費用、小回りのききやすさなど、セダンと軽自動車の中間サイズ

【　ミニバン　】

- ☑車内が広く、多人数で乗れる
- ☑視野が高く見通しがきく
- ☑機能や装備が豊富

【ステーションワゴン】

- ☑走行中の安定感、荷物の出し入れのしやすさなど、セダンとミニバンの中間サイズ

【　SUV　】

- ☑アウトドア向き
- ☑荷物を多く積める
- ☑故障しにくい

※車種によってスペックはさまざま。ここで紹介しているのは大まかな分類です。用途、予算に応じ自分に合う車種を見つけましょう

エコカーの主な種類について

ガソリン燃料との併用、あるいはガソリン燃料を使用しない通称「エコカー」は、乗り換えを考える際に選択肢として入ってくると思います。エコカーは環境に良いだけでなく、燃費の面や各種補助金によって、費用面でもドライバーに優しい車です。

ここでは、代表的なエコカーを4種紹介します。必ずしもエコカーを選択しなければならないわけではありませんし、この種類が一番良いということもありません。ただ、種類によって動力の仕組みが異なり、エコカーでもガソリンが必要だったりします。違いをここで理解しておき、そのうえで購入の際の検討材料にすると良いでしょう。

エコカーの仕組み

【 ハイブリッドカー 】

ハイブリッドカーはガソリン燃料で動くエンジンと、電気で動くモーターを併用して走る車です。燃料はガソリンのみですが、走行中に電力を蓄え、場面に応じて自動でエンジン駆動とモーター駆動を切り替えます。この切り替えにより、必要最小限の燃料、つまり低燃費の車となっているのです。

【 プラグインハイブリッドカー 】

プラグインハイブリッドカーは、ハイブリッドカーと同じ仕組みで走ります。違いはガソリンだけでなく、プラグによる充電が可能なこと。これにより、ハイブリッドカーでは補助的な扱いだった電気モーターがメインにもなるため、より低燃費での走行が可能となります。バッテリー容量が大きいのも魅力です。

【 電気自動車 】

電気自動車は名前のとおり、電気モーターのみで走る車です。ガソリンを必要としないので、エンジンも搭載していません。圧倒的に維持費が安く、モーターを動かすための電気は、ガソリンスタンドなどにある充電スタンドのほか、家庭用電源でも充電が可能です。ただし、バッテリー残量には注意が必要です。

【 燃料電池車 】

燃料電池車は液体水素を燃料として走る車です。少し難しいですが、水素と酸素の化学反応により電気を作り、モーターを動かします。ガソリンを使用せず、また発電自体も自分で行う仕組みのため、環境性能は抜群。しかし、デメリットとして燃料補給が不便だったり、金額が高めなことが挙げられます。

※各車メーカーによって、エコカーに対応している車種、燃費性能、初期費用が異なります。
オプションにも差が出てくるので、購入の際は何社か比較して検討することをおすすめします

次ページにつづく

安全運転サポート車はどんな車？

若いときより運転がしにくくなったと感じたことがある人は多いはず。加齢による視力低下など、認知能力の低下は誰にでも起こるものです。

そこで、認知能力を助け、安全運転をサポートしてくれる機能を搭載した車が注目されています。なかでも、高齢者に多いペダルの踏み間違いを防止するなどの機能を装備した車を、わかりやすく分類したのが安全運転サポート車（サポカー）です。

また、安全運転サポート車に取り上げられている機能のほかにも、各社で様々な安全対策機能が装備された車が販売されています。ぜひ自分に必要な機能がついた車を見つけ、安全なドライブを楽しんでください。

サポカー・サポカーSの区分

安全運転サポート車である「セーフティ・サポートカー」（サポカー）は自動ブレーキを搭載した車で、「セーフティ・サポートカーS」（サポカーS）は自動ブレーキに加えて以下の機能を装備した、とくに高齢者におすすめの車です。

区分	技術
ワイド	自動ブレーキ（対歩行者）、ペダル踏み間違い時加速抑制装置※1、車線逸脱警報※2、先進ライト※3
ベーシック+	自動ブレーキ（対車両）、ペダル踏み間違い時加速抑制装置※1
ベーシック	低速自動ブレーキ（対車両）※4、ペダル踏み間違い時加速抑制装置※1

※1 マニュアル車は除く。　※2 車線維持支援装置でも可。　※3 自動切替型前照灯、自動防眩型前照灯または配光可変前照灯をいう。　※4 作動速度域が時速30km以下のもの。

〈経済産業省　サポカー・サポカーSのWEBサイトより〉

サポカーの機能は各車メーカーによって異なるため、販売店などでしっかりと内容を確認しましょう。

サポカー・サポカーSの技術

【自動ブレーキ(対車両・対歩行者)】

レーダーやカメラにより前方の車両や歩行者を検知、ドライバーに警報したり、衝突の被害を軽減したりするために自動的に制動制御するシステムです。

【ペダル踏み間違い時加速抑制装置】

停止時や低速走行時に、前方や後方の壁や車両などを検知している状態でアクセルを踏み込むと、エンジンの出力を抑えるなどして急加速を防止する装置です。

【 車線逸脱警報 】

車載カメラで前方の車線を認識し、直線からはみ出しそうになった場合や、はみ出した場合に車内で警報を鳴らしてくれる装置です。直線走行を維持するために、ハンドル操作を支援する車線維持支援装置もあります。

【 先進ライト 】

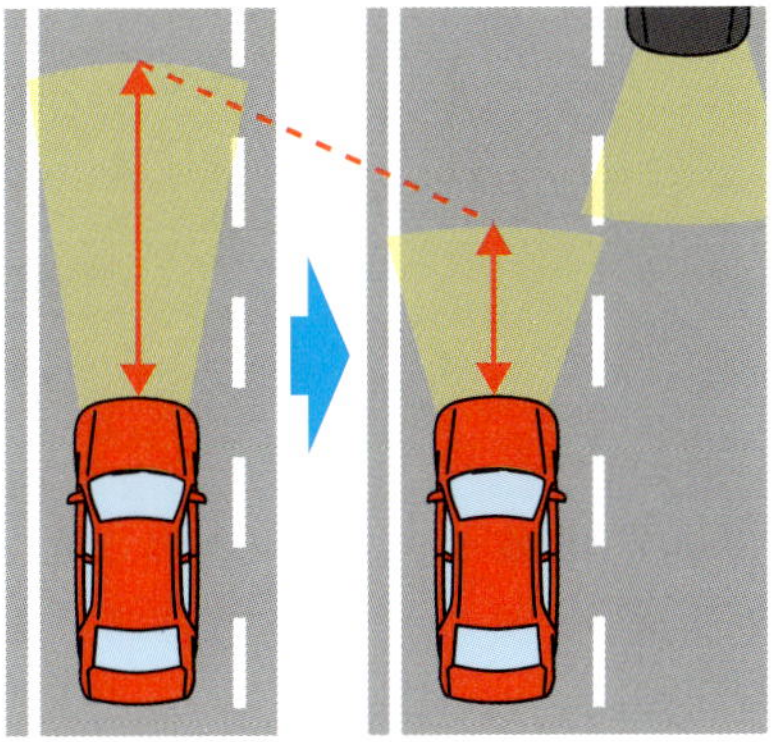

自動切替型前照灯(先行車や対向車などを検知してハイビームとロービームを自動で切り替える)や自動防眩型前照灯(対向車などを検知してハイビームの照射範囲のうち当該車両のエリアのみを減光する)などがあります。

安全運転支援機能つきのものがおすすめ！

ドライブレコーダーは車内にカメラを取りつけて、走行中の映像を記録するものです。あおり運転など危険運転の被害にあった場合に、自分を守ってくれるため取りつける人が増えているそうです。万が一事故にあった場合にも記録が残るので、原因を検証できます。

そのほか、次のページでは安全運転に一役買ってくれる便利なグッズを消化します。それぞれメーカーごと機能や効果が異なる場合もあるので、店頭で見比べてみましょう。

【　ドライブレコーダー　】

映像を録画・保存のほか、音声録音やGPS機能がついたもの、前方だけでなく360度録画できるものもある

ドライブレコーダーでこんなことが記録できる！

交通事故

客観的に事故を記録するため、状況証拠として機能し、事故後の処理がスムーズになります。裁判の証拠として映像や音声が採用されたこともあります。

あおり運転

あおり運転や幅寄せなど、危険な行為をされた場合、自分を守ってくれる証拠になります。360度録画の機種であれば、後方からのあおりにも対応できます。

車上荒らし

駐車中も記録することで、車上荒らしの被害にあった場合の証拠になります。ステッカーなどで記録していることを知らせることで抑止にもなります。

【 カーナビ 】

道案内だけでなく道路状況もアナウンス

旅やドライブを楽しみたいならぜひ装備したいカーナビ。不慣れな土地に行くときの安心感が違います。また、カーナビは認知機能を維持するためにも、とても良い働きをしてくれます。**いつもは利き手で操作している人は、逆の手で操作をしてみてください**。脳の働きが活性化するのが実感できるはずです。
ただし、運転中の操作は絶対にやめましょう。

【 サンバイザー 】

見にくい状況を改善する

加齢とともに、夕暮れどきなど、環境によって運転しにくい時間が増えたと感じる人は多いでしょう。そんなとき、**サンバイザーで光を調節すれば、眩しくて見にくい状況はかなり改善されます**。特に白内障などで露出機能が働かない場合は、サングラスをかけると危険、サンバイザーがおすすめです。標準装備以外にも、シースルータイプなどのものが市販されています。

【 ガラスコート剤 】

気になる汚れを防止する

車のガラスは汚れると目立ちやすく、運転にも支障があります。そんなときにおすすめなのが、ガラスをコーティングするガラスコート剤。大きく分けて、水を弾く撥水性、水を平たく広げて汚れをつきにくくする親水性の2種類があります。

【 バンパープロテクター・コーナーポール 】

コーナーのキズを防止する

車庫入れや狭い道ですれ違う際に、こすってしまうことが増えたと感じているなら、バンパープロテクターでカバーするとバンパーにキズがつくのを防いでくれます。また、コーナーポールなどで**コーナーに目印を設置すると、こすることそのものを防止できます**。

車に関する保険の種類

いざというときのため選べる保険制度

自動車保険には大きく分けて「自賠責保険（自動車損害賠償責任保険）」と「任意保険」の２種類があります。

自賠責保険は加入が義務づけられている保険なので、車を持っている人ならすでにご存知のはず。

任意保険は名前のとおり、自分で加入を判断する民間保険会社のシステムです。自賠責保険ではカバーできない補償や、ガス欠時の無料ガソリン給油、インロックの開錠、無料レッカー移動などのロードサービスを利用できることもあります。

万が一のための保険制度

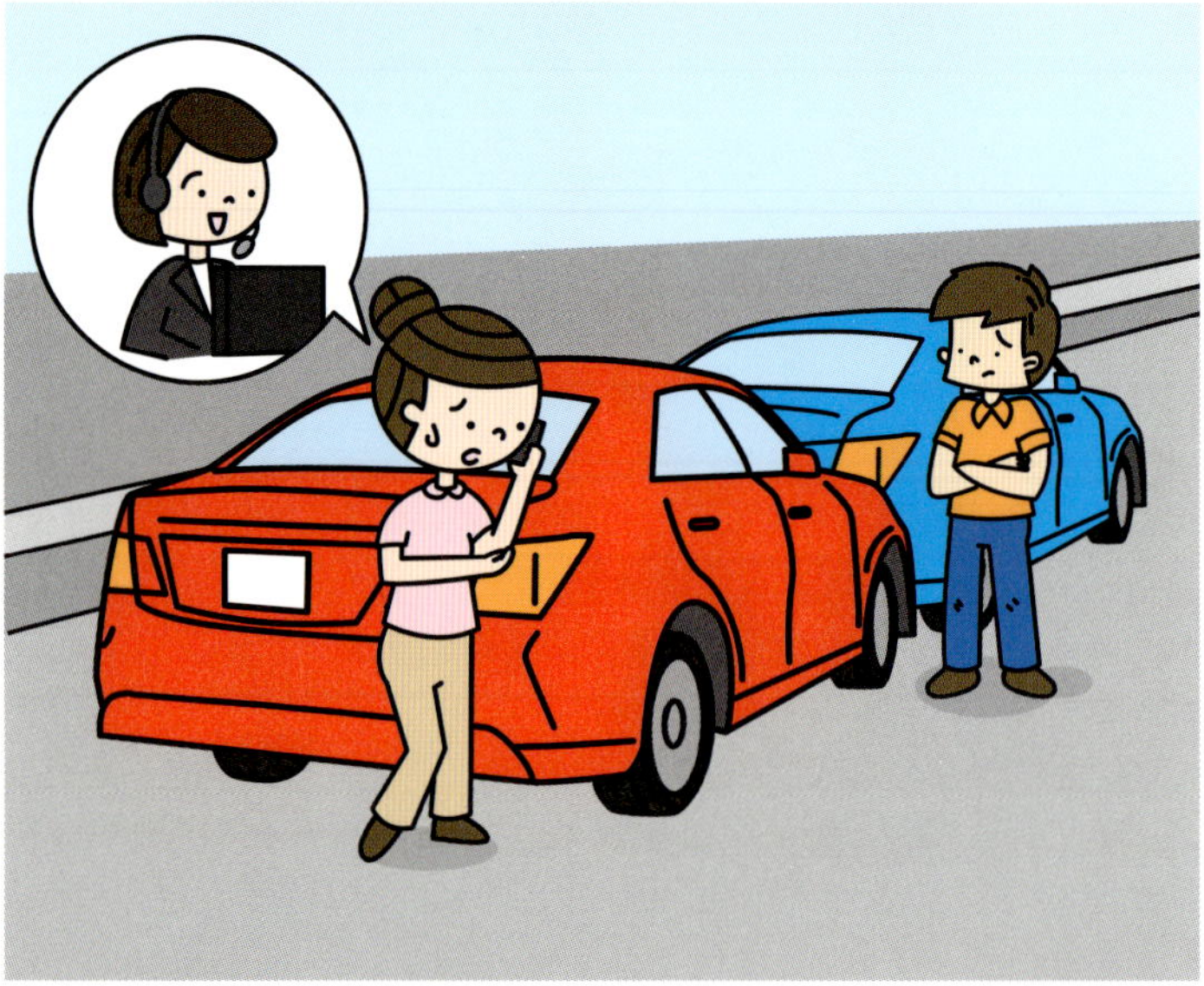

自賠責保険は、主に相手の医療費に関する補償しかできません。車の事故は、相手の車や建物の一部を壊してしまうこともありますし、自分がケガをしたり、最悪の場合、死亡してしまうことも考えられます。そういったさまざまなケースに対応してくれるのが任意保険。保険会社それぞれですが、補償内容をより充実させたり、補償の範囲を契約時に限定することによって保険料を節約する、いわゆる「特約」システムがあります。

任意保険の種類

名称	内容
対人賠償保険	交通事故により、相手を死傷させてしまった場合に発生する賠償金を補償するもの。
対物賠償保険	交通事故により、相手の所有物に損害を与えてしまった場合に発生する賠償金を補償するもの。
人身傷害補償保険	運転者、あるいは同乗者が交通事故により死傷した場合、損害額を補償するもの。 ※過失割合に関係なく保険金額内の損害金額が支払われる
搭乗者傷害保険	運転者、あるいは同乗者が交通事故により死傷した場合、保険金が支払われる。
車両保険	交通事故や地震を由来としたものを除く台風などの自然災害、あるいはいたずら被害などによる自車への損害に車両保険金額を上限に補償するもの。
自損事故保険	単独事故により運転者、あるいは同乗者が死傷した場合、定額を補償するもの。
無保険車傷害保険	契約者が被害者で、相手が不明、賠償能力がない場合に補償するもの。

「代理店型」と「通販型」

自動車保険の保険会社には、「代理店型」と「通販型」があります。代理店型は代理店舗でスタッフから説明を受けながら契約を結ぶ保険。通販型はインターネットや電話などを通じて保険会社と直接保険契約を結ぶものです。保険料が代理店型に比べて安いですが、事故現場に直接来るといった対応は不可です。

【 代理店型 】

【 通販型 】

ＭＣＩと認知症はどう違うのか？

ＭＣＩの段階で対策して長く運転を楽しもう

認知症にはいろいろなタイプがありますが、日本人に多いのがアルツハイマー型認知症。これは何年も時間をかけて少しずつ脳が変性するものです。

一方、ＭＣＩ（軽度認知障害）は認知症の前段階といわれています。認知症の診断はされていませんが、物忘れなど認知機能の低下が確認できる状態です。認知症への進行を止めるためには、ＭＣＩの段階で脳を活性化して認知症予防の対策をすることが重要です。

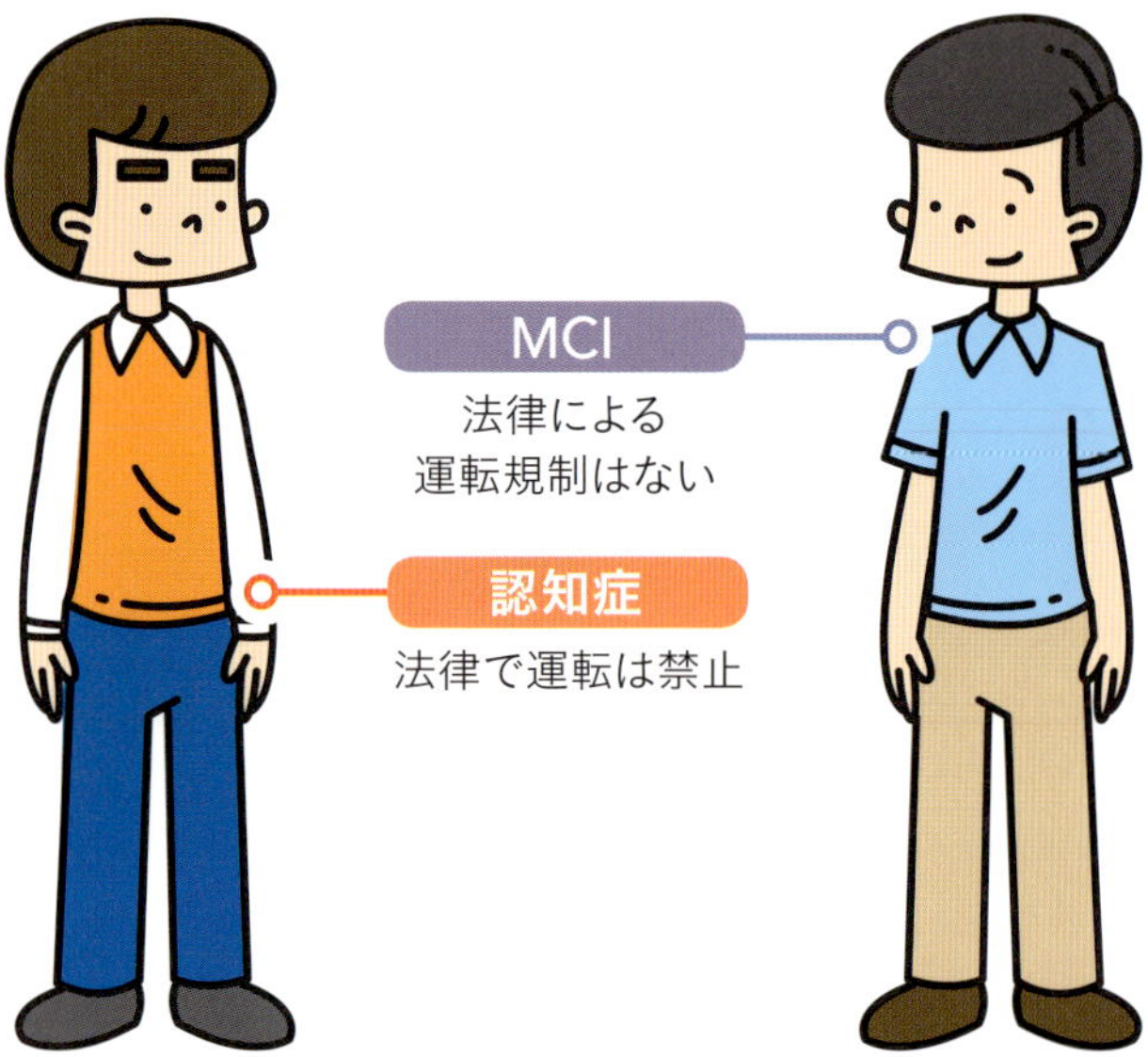

MCI（軽度認知障害）とは

健常者と認知症の中間にあたる段階。日常生活には支障がない状態ですが、いくつかの認知機能のうち、ひとつに問題があると診断されます。

MCIの特徴

- 記憶障害の訴えが本人または家族から認められている
- 日常生活は正常に過ごせる
- 全般的な認知機能は正常
- 年齢や教育レベルの影響のみでは説明できない記憶障害が存在する
- 認知症ではない

75歳以上の免許更新時はMCIチェックが可能

75歳以上になると免許更新時や一定の違反をしたときに、認知機能検査を受けることが義務づけられています。

この検査は、認知機能の程度によって結果が第1～3分類に分けられますが、認知症だけでなく、MCIの状態を見つけるチャンスでもあります。もし第1分類と判断されたら、認知症だけでなくMCIの可能性も疑いましょう。

また、結果が第2分類でも、これ以上進行させないために専門医への受診をおすすめします。65歳以上のMCIは約457万人いるといわれていますので、検査結果を怖がらず、ぜひ早めの診断をおすすめします。

MCIも発見できる認知機能検査

判定結果

第1分類	第2分類	第3分類
記憶力・判断力が低くなっている	記憶力・判断力が少し低くなっている	記憶力・判断力に心配がない
▼	▼	▼
認知症の恐れがある	認知機能が低下している恐れがある	認知機能が低下している恐れがない
↓	↓	
医師の診断が義務づけられている	義務ではないが受診をおすすめ	
↓	↓	

MCIの人は認知症の予防対策を

こんな運転に注意！ 認知機能が低下した場合の運転例

左右にフラフラとブレる	危険な場所でも突然停止	車をあちこちにぶつける	以前はなかったヒヤリ・ハッとが増える

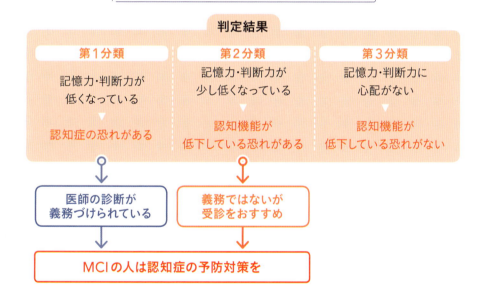

脳を活性化する生活のコツ

おかしいと感じたら早めの対策を

ＭＣＩと認知症の大きな違いは自覚できるかどうかです。もし自分の認知機能が低下していると感じたらＭＣＩの疑いがあります。

もし医師の診察を受けＭＣＩと診断されたら、認知症予防のために脳の活性化を心がけましょう。

難しいことではなく、毎日の生活の中でできることがほとんどです。習慣化して続けるには、無理せず楽しんでやるようにしましょう。少しでも長く運転を楽しむためにも、ぜひいろいろ試してみてください。

脳を活性化する習慣 ☑

- ☑少しでもよいので毎日運動する
- ☑バランスの良い食事を取る
- ☑意識して手先を使う
- ☑会話を楽しむ
- ☑料理のレパートリーを増やす
- ☑旅行を楽しむ
- ☑良質な睡眠を取る

次のページでは、車の中でできる、脳を活性化するストレッチを紹介しています。運転時の疲労軽減にもなるので、休憩時などにぜひ試してください。

車内でできるストレッチ

レッスン1 目の疲労を和らげる

目は運転するうえで情報を集めてくれる大事な場所。疲労を感じたら、手のひらのつけ根でこめかみを押し、目尻を斜め後ろに引き上げ、30秒そのままにして離します。これを2〜3回繰り返しましょう。

レッスン2 可動域を広げる

身体がよく動くことが、安全な運転には必要な条件。しかし若い頃に比べて身体が動かなくなったと感じている人は多いと思います。
動ける身体を作るために重要なのは関節の可動域を広げること。運転席でできるストレッチを紹介しましょう。

❶首を左に倒します。
❷左手を頬に当て右側に押します。
❸頭と首でしばらくおしくらまんじゅう状態を保ったら逆も行います。

これを続けると、関節が動くようになるのを実感できると思います。

レッスン3 全身の血行を良くする

血行をよくすることも、認知機能を活性化する方法です。とはいっても無理は禁物です。おすすめなのは、助手席に手をかけて、バックするときに後ろを確認する要領で、身体をひねるものです。逆向きも、助手席に座り同じようにひねりましょう。これだけでも、身体が伸びて気持ち良く感じるはずです。

高齢運転者として心得ておくこと

高齢化社会の中で運転を続けるために

高齢化が進む日本社会の中で、下図のように、75歳、80歳以上になっても運転し続ける人は年々増えています。家庭用の自動車に限らず、定年間近でも運送関係で運転手を務めていたり、定年を迎えても再就職としてタクシーの運転手になる人もいます。つまり、自分だけでなく、周りの車に乗っている人も高齢者であることが増えてくるわけです。事故を防ぐためには、そのことも考慮し、より一層の安全意識を持たなければならないのです。

75歳以上・80歳以上の運転免許保有者数の推移

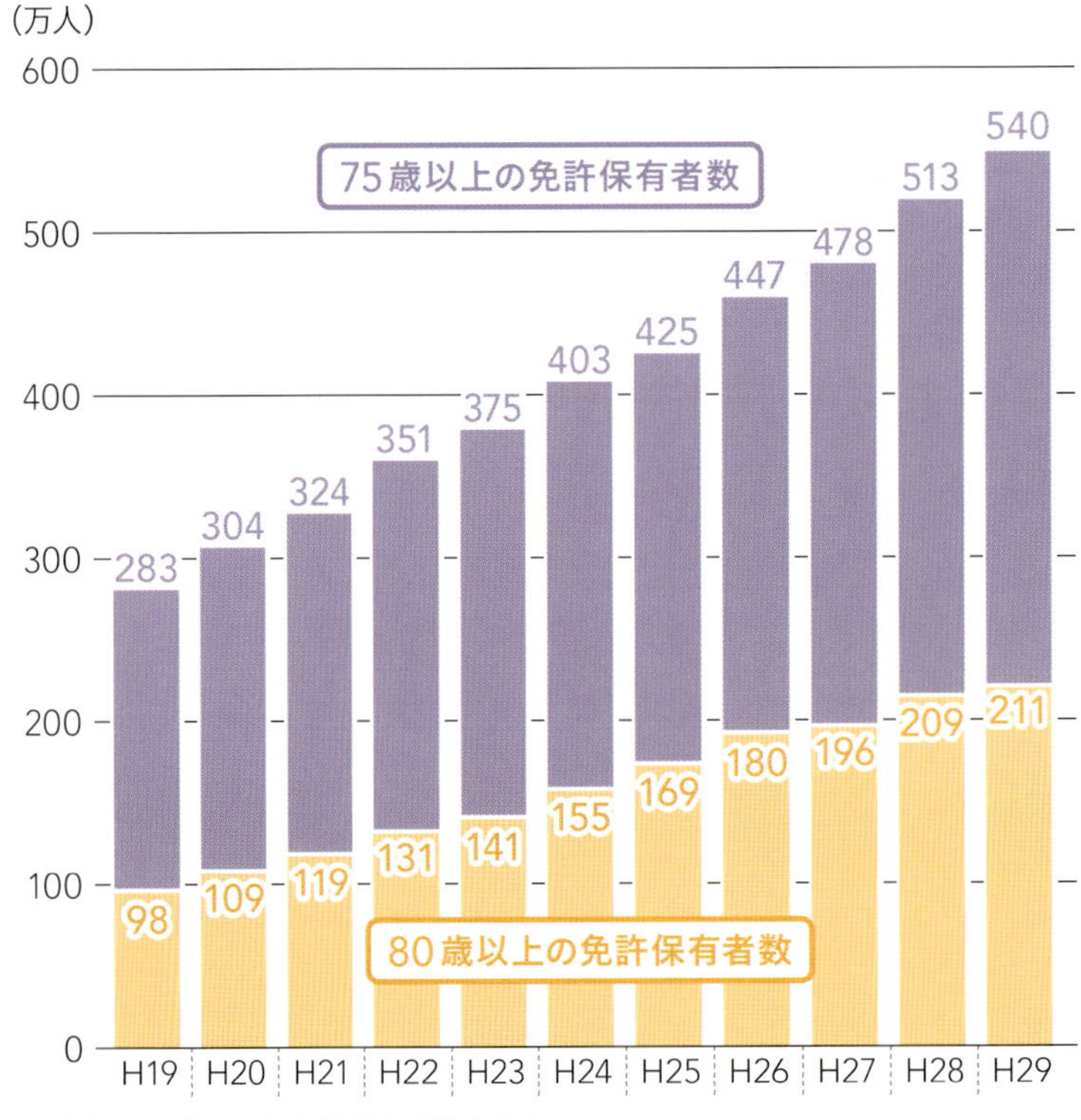

※各年12月末の運転免許保有者数を示す

〈警察庁資料: 平成29年中の高齢運転者による死亡事故に係る分析・改正道路交通法施行後1年の状況より〉

もう一度確認
重大な運転違反

相次ぐ飲酒運転と、それが原因となる事故が多くなるなか、２０１４年５月20日から「自動車の運転により人を死傷させる行為等の処罰に関する法律」が施行されました。これは、それまでの「危険運転致死傷等の罪」を更に厳罰化するために定められた法律です。

危険運転致死傷罪は、事故に遭った被害者だけでなく、運転していた加害者の人生も奪ってしまいます。ここまで見てきた「長く運転をするため」の技術や心得だけでなく、法律を知り、車がどれだけ危険なものであるかを知り、自分が加害者にならないよう日頃から意識を高める必要があります。

法律の内容

自動車の運転により人を死傷させる行為等の処罰に関する法律

違反内容	量刑
危険運転致死傷罪	**通常**: 一年以上の有期懲役 ① **アルコール又は薬物の影響**: 人を負傷させた者は十二年以下の懲役、人を死亡させた者は十五年以下の懲役 ② **自動車の運転に支障を及ぼすおそれがある病気の影響**：人を負傷させた者は十二年以下の懲役、人を死亡させた者は十五年以下の懲役 ②
過失運転致死傷アルコール等影響発覚免脱 ③	十二年以下の懲役
過失運転致死傷 ④	七年以下の懲役若しくは禁錮又は百万円以下の罰金 （ただし、その傷害が軽いときは、情状により、その刑を免除することができる。）
無免許運転による加重	①のとき: 六月以上の有期懲役（最高二十年） ②のとき: 人を負傷させた者は十五年以下の懲役、人を死亡させた者は六月以上の有期懲役（最高二十年） ③のとき: 十五年以下の懲役 ④のとき: 十年以下の懲役

COLUMN 5

道交法はどう変わった？

2017年、高齢運転者対策関連の規定を整備

2017年に道交法が改定され、免許更新などに関して、高齢者を取り巻く環境が大きく変わりました。

現在75歳以上の人はもちろんですが、**今は関係がない人でもこのまま運転し続ければいずれは関わってくるものです**。ここでしっかりと確認しておきましょう。

1 特定違反者に臨時認知機能検査・臨時高齢者講習を新設

認知機能が低下した際に起こしやすい一定の違反をした人は新たに臨時認知機能検査を受けることが義務づけられました（18ページ参照）。また、そこで臨時適性検査を受ける（第1分類）ほどではないが、前回よりも結果が悪くなっている（第2分類）と判断された場合は臨時高齢者講習を受ける必要があります。

対象となる18の交通違反「18基準行為」

1. 信号無視
2. 通行禁止違反
3. 通行区分違反
4. 横断等禁止違反
5. 進路変更禁止違反
6. 遮断踏切立入り等
7. 交差点右左折方法違反
8. 指定通行区分違反
9. 環状交差点左折等方法違反
10. 優先道路通行車妨害等
11. 交差点優先車妨害
12. 環状交差点通行車妨害等
13. 横断歩道等における横断歩行者等妨害等
14. 横断歩道のない交差点における横断歩行者妨害等
15. 徐行場所違反
16. 指定場所一時不停止違反
17. 合図不履行
18. 安全運転義務違反

臨時認知機能検査とは？

75歳以上のドライバーが、一定の違反（18基準行為）をした場合、義務づけられている検査です。

検査の内容

検査自体は75歳以上の人が免許を更新する際に受ける、認知機能検査と同じものです。記憶力や判断力を測定する30分ほどの検査です。

臨時高齢者講習とは？

臨時認知機能検査で「記憶力・判断力が前回より悪くなっている」第2分類とされた人が受ける講習です。

講習の内容

実車指導1時間と、個別指導1時間の講習です。DVDなどで交通ルールを確認したり、ドライブレコーダーを使って運転して助言を受けたりします。

2 臨時適性検査の見直し

更新時の認知機能検査や、臨時認知機能検査で「認知症の恐れがある」第1分類と判断された場合、**「臨時適性検査」（医師の診断）を受けるか、主治医などの診断書を提出しなければなりません。**認知症と診断された場合は免許取消処分または、停止となってしまいます。

3 高齢者講習の高度化・合理化

免許更新の際に受ける講習が認知機能検査の結果によって2種類に分かれました。75歳未満の人と75歳以上で第3分類とされた人は2時間に合理化された講習を受けます。第1分類や第2分類の人は、下記のように3時間の高度化された講習を受ける必要があります。

改正前

75歳未満の人

運転適性検査 ―――― 60分
討議 ―――― 30分
講義 ―――― 30分
実車指導 ―――― 60分
計3時間

75歳以上の人

認知機能検査(約30分)

↓

運転適性検査 ―――― 30分
講義 ―――― 30分
実車指導 ―――― 60分
計2時間30分

施行日 2017年3月12日

改正後

75歳未満の人

合理化講習

運転適性検査 ―――― 30分
双方向型講義 ―――― 30分
実車指導 ―――― 60分
計2時間

75歳以上の人

認知機能検査(約30分)

認知機能が低下している恐れがない人 → 合理化講習へ

認知機能が低下している恐れがある人、認知症の恐れがある人(※)

↓

高度化講習

運転適性検査 ―――― 30分
双方向型講義 ―――― 30分
実車指導 ―――― 60分
個別指導 ―――― 60分
計3時間

※認知症の恐れがある人は、後日、臨時適性検査を受けるか医師の作成した診断書を提出する必要があり、認知症と判断された場合、運転免許の取り消しまたは停止処分となります。

〈警視庁HPより〉

巻末付録

免許返納について

いつまでも運転を楽しみたいけれど

身体は年齢とともに変化していきます。

誰でもいつかは免許返納を検討するときがくるはず。

返納のタイミングや返納後の

運転をしない生活について知っておきましょう。

免許返納のタイミングはいつ？

いつかはやめる覚悟を

免許証は、有効期限内に警察署などに申請すれば取り消すことができ、これを自主返納といいます。高齢者の運転と免許返納の問題は、世間でも大きな関心を集めています。特に地方では車は生活の必需品、車のない生活は難しい場所もあるでしょう。またレジャーの楽しみや生きがいを感じている方も多いでしょう。

しかし、いつまでも運転に必要な認知機能が維持できるとは限りません。無理して乗って事故に遭うのは悲しいことですし、命にも関わります。また、病気などで突然乗れなくなる場合もあります。

もし、免許を失ってもできるだけ今までの生活を維持できるよう、少しずつ車のない暮らしについて考えてみましょう。代わりに利用できる交通機関など対策方法を検討し、免許返納について心の準備をしておくと、もしものときにも落ち着いて対応できます。

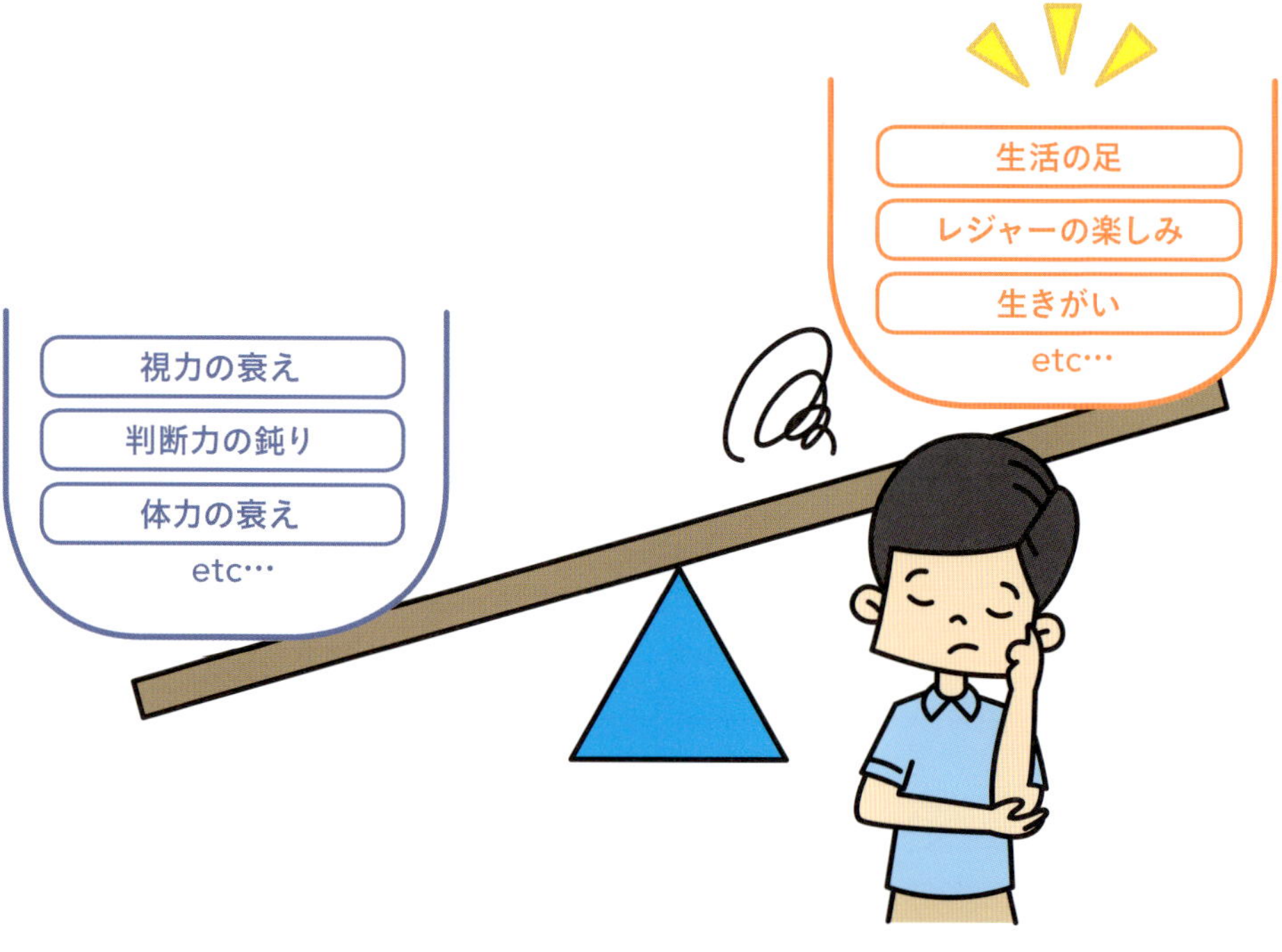

毎年増加している返納数

下のグラフを見ると、運転免許を自主返納する人が増加しているのがわかります。高齢化社会に伴い高齢ドライバーが増えたことも関係があると思いますが、運転経歴証明書が導入されたことも大きいでしょう。本人確認書類として使用可能になってからは、免許の返納数も増加しました。それまでは高齢になっても、本人確認書類のために免許を持っていた人が多かったと考えられます。ただし、返納の取り消しはできないため、よく検討しましょう。

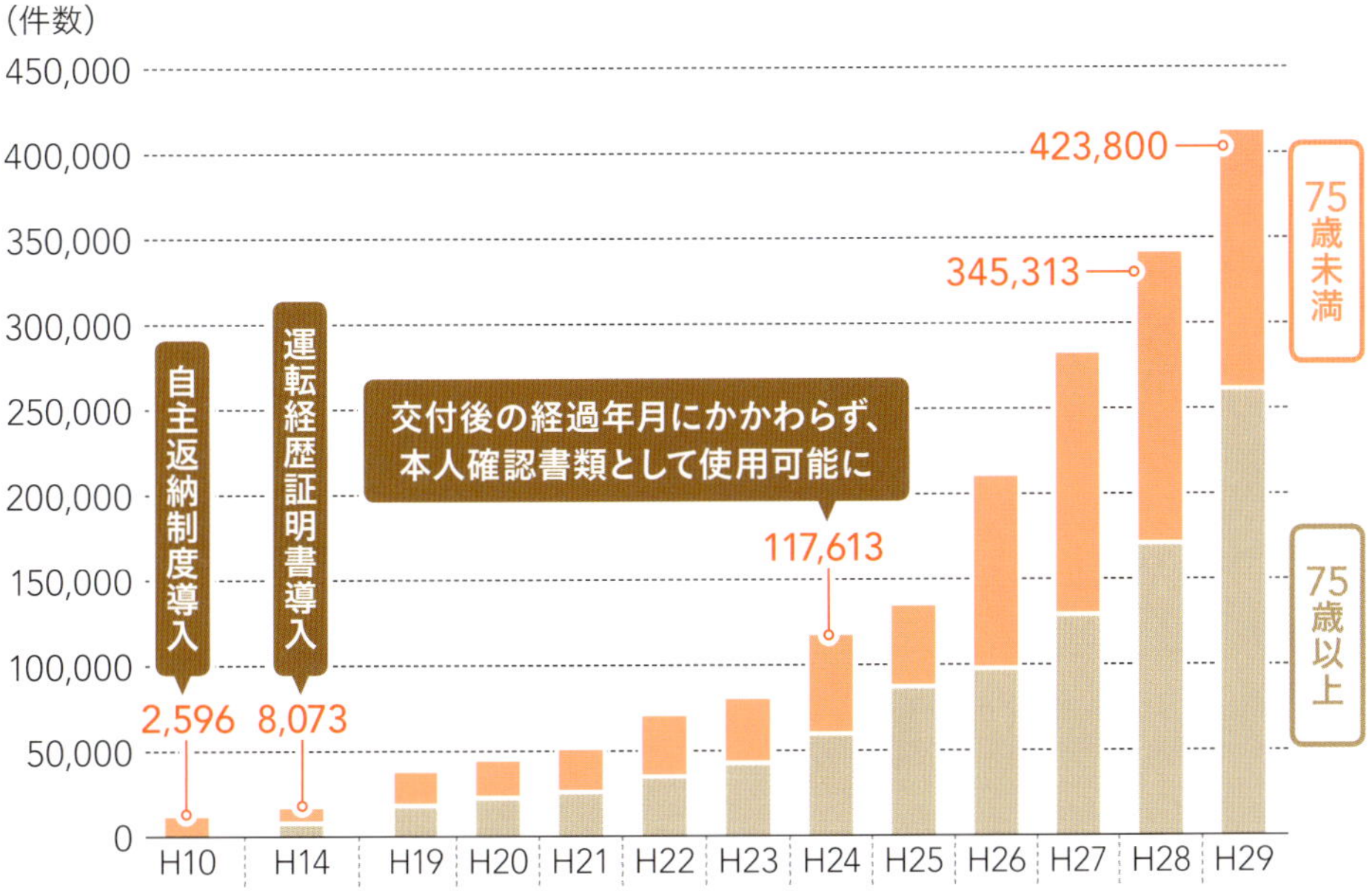

〈警察庁資料：平成29年中の高齢運転者による死亡事故に係る分析・改正道路交通法施行後1年の状況より〉

返納のタイミングチェックリスト☑

免許を返納するタイミングですが、以下で該当する項目が多いようなら考えどきです。

- ☑急ブレーキ、急ハンドルが増えた。
- ☑駐車した場所を忘れる。
- ☑車線のなかで中心を走行できない。
- ☑センターラインからはみ出す。
- ☑車体にキズが増えた。
- ☑標識や信号を見落としてしまう。
- ☑道順を忘れてしまう。
- ☑ロックを忘れる。
- ☑洗車をしなくなった。
- ☑運転が楽しくなくなり、回数が減った。

運転経歴証明書とは？

本人確認書類として有効なカード

免許を自主返納する際は、ぜひ**運転経歴証明書の交付も申請しましょう**。このカードは運転免許証に代わり、公的な本人確認書類として生涯有効なものです。免許証の申請取り消しと同時に申し込むのがおすすめですが、自主返納から5年以内であれば申請可能です。

運転経歴証明書は、自治体や協賛する企業・店舗などで特典や優遇が受けられます。タクシーや、バスなどの公共交通機関の割引、温泉宿の宿泊料金の割引、金融機関の金利優遇など様々なサービスがあります。自治体によって内容が変わりますので、ぜひ地域の特典を確認してみましょう。

※運転経歴証明書の発行は有料となります

免許証

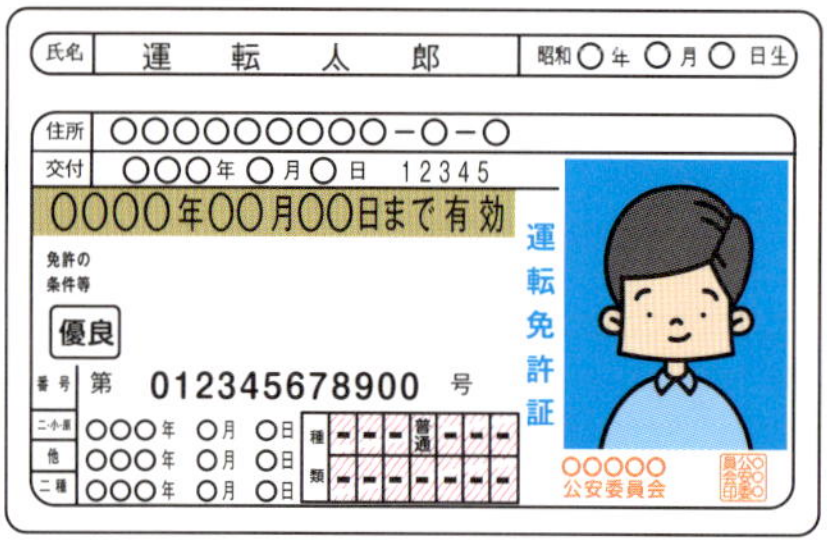

運転経歴証明書

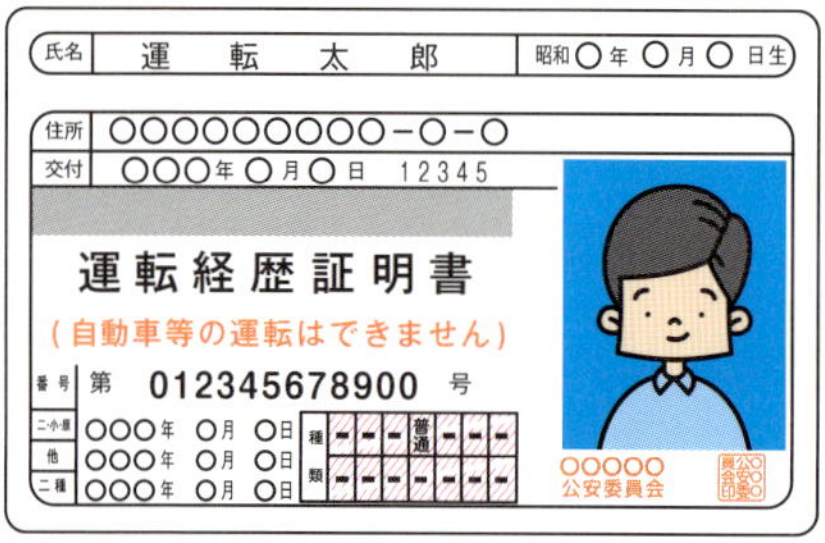

増え続ける発行数

2012年に本人確認書類として使用できるようになってからは、広く認知され交付数も急激に増加しました。自治体によって特典があるのも魅力。詳細は、各都道府県警察の運転免許センター等で確認してください。

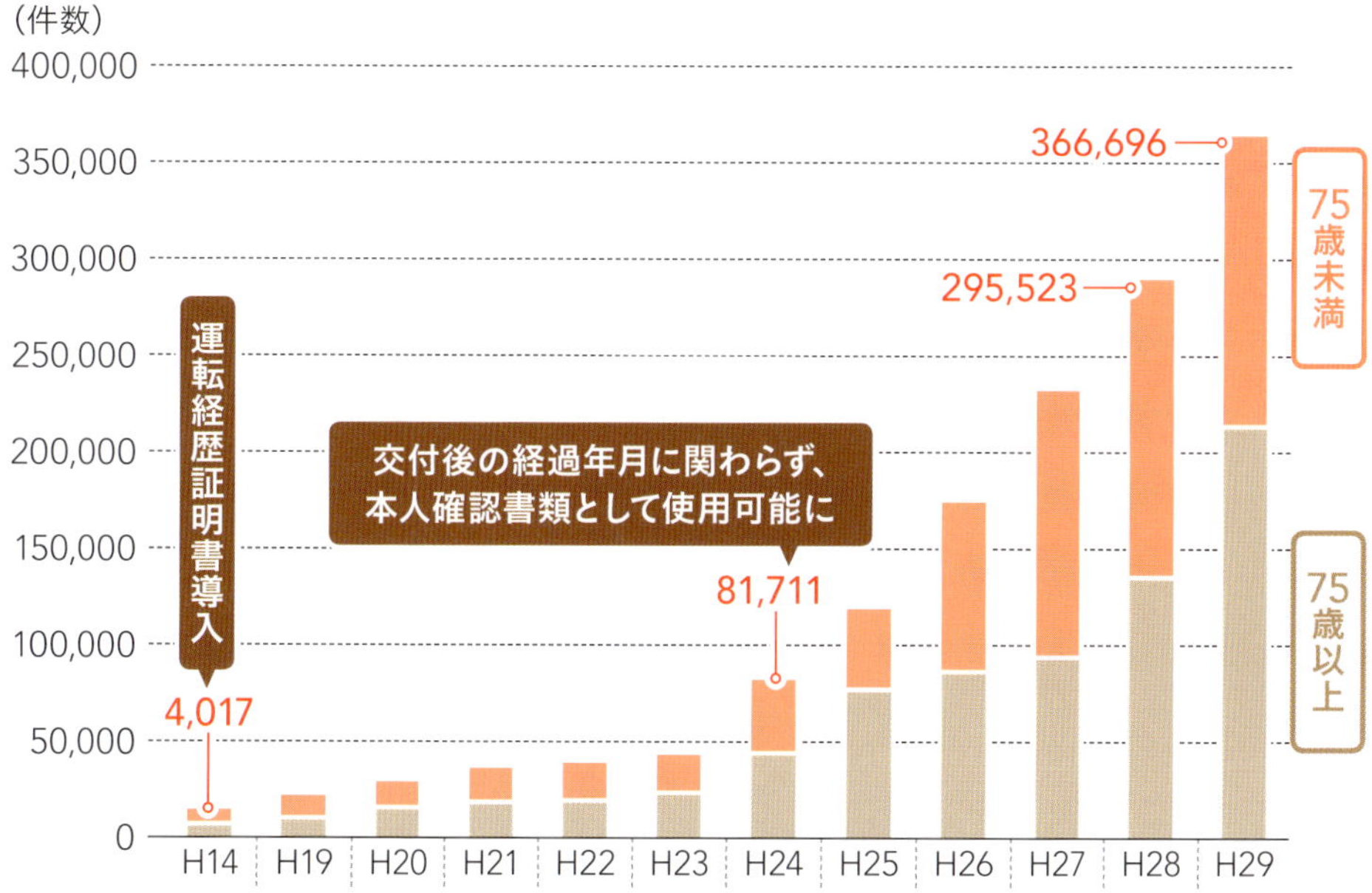

〈警察庁資料：平成29年中の高齢運転者による死亡事故に係る分析・改正道路交通法施行後1年の状況より〉

運転経歴証明書が発行されないケース

運転免許の有効期限が切れていたり、免許取り消し基準に該当している場合、運転免許停止中、免許停止の基準に該当している人や再試験の基準に該当している人は申請できません。

また､運転免許の一部のみ(大型など)を返納した場合も申請できません。全種の免許を返納することで発行できます。

特に注意したいのが、身体の機能の衰えを感じつつも運転を続けて認知機能検査や臨時認知機能検査で認知症と診断され免許の取り消し処分を受けた場合。この場合は運転経歴証明書が発行されません。

運転経歴証明書は、有効な免許証を自主返納した人への特典です。タイミングが難しいですが、処分を受ける前に自主返納するようにしたいものです。

運転経歴証明書の特典ってどんなものがある？

運転経歴証明書はさまざまな企業や団体で特典が受けられるのが大きな魅力です。テレビなどでも話題で、今後増えることが期待できます。ここでは一部をご紹介します。全日本指定自動車教習所協会連合会の高齢運転者支援サイトで確認できますので、自分の地域の特典を調べてみましょう。

各自治体特典の例

自治体・企業	特典
東京都	・引っ越しの代金10％引き ・信用金庫の金利優遇 ・レストランの施設利用料10％引き ・スーパーの配達料割引 ・旅行代金割引 ・スポーツジム利用料割引 ・自動車学校紹介者特典 など
北海道美幌町	・バス回数券、またはタクシー利用券20,000円を助成
石川県七尾市	・市内在住70歳以上で免許を返納した人に補助金12,000円支給
三重交通グループ5社 三岐鉄道	・割引定期券「セーフティパス」購入可能。通用期間半年のものが3万円、1年が5万円。高速バスや自治体が運営するコミュニティバスなどを除く全路線で通年利用できる。 ・三岐鉄道では運賃支払い時に運転経歴証明書を提示すれば、現金払いの場合のみ半額になる。
京都府福知山市	・福知山美術館共通券を交付
熊本県玉名市	・温泉施設の利用料半額引き ・バス6会社の運賃割引 ・市内タクシー3会社の運賃割引 など
鹿児島県ホテル旅館生活衛生同業組合	・宿泊メリット制度（宿泊料金の割引）

おわりに

ベテランドライバーの事故は、かなりの確率で自宅周辺の半径５００メートル以内で起きています。この現実は、日々の運転に慣れてしまい、注意が欠けているからだと言えます。

長年の運転で染みついた癖や、「自分は大丈夫」という過信が事故を招きます。車を運転する際は、「事故を起こさない」という覚悟を持ってください。

また、車のある生活とない生活では、活動エリアが大きく変わります。今までの生活と状況が一変するのです。運転免許を自主返納した人の中からは、「やはり免許証が必要だ。返納を取り消して欲しい」という声も聞こえてきます。

本書は、手に取っていただいた人が少しでも長く、安全に運転を続けて頂きたい思いで監修致しました。冷静に客観的にご自分の運転を顧みて頂き、いつまでもお元気に運転されることを願います。

ＮＰＯ法人　高齢者安全運転支援研究会

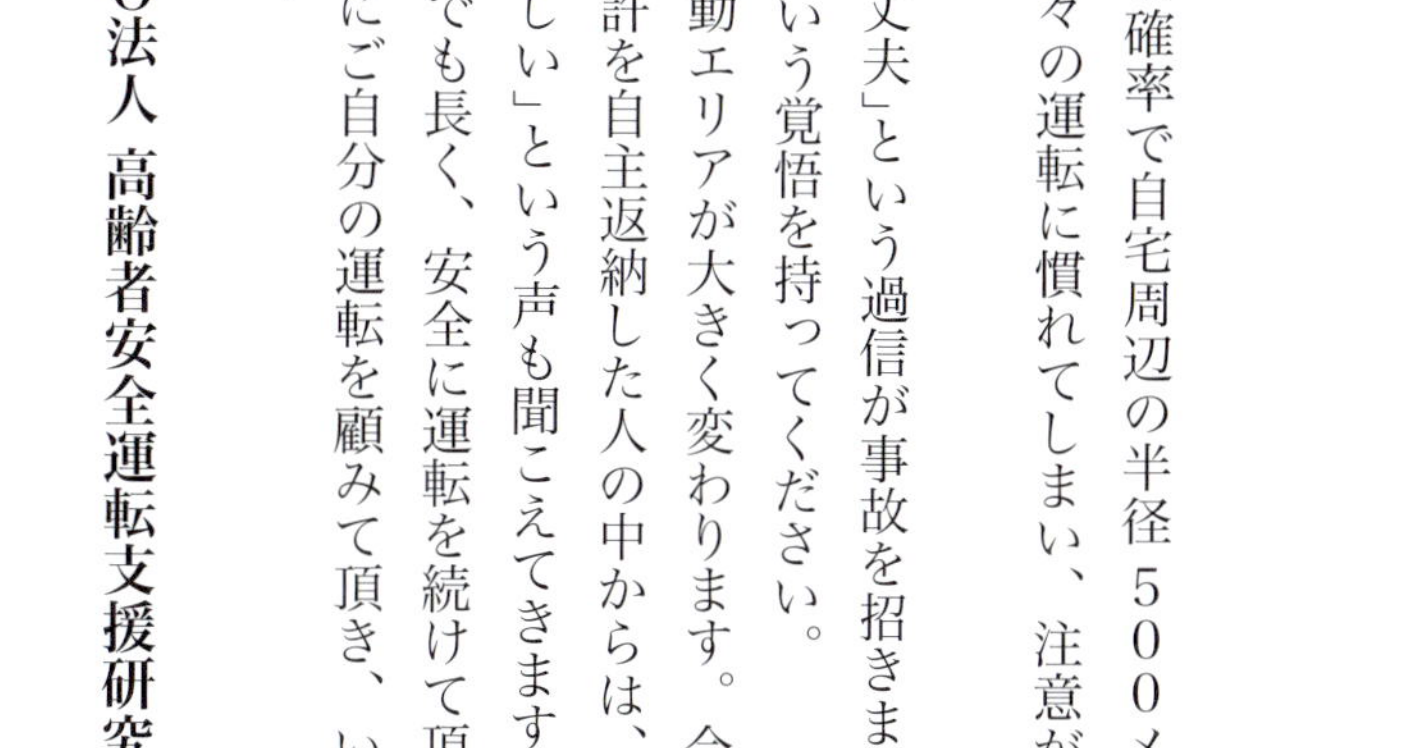

監修

NPO 法人
高齢者安全運転支援研究会

2012 年 4 月発足。今後ますます進む超高齢社会における交通事故やトラブルを未然に防ぐため、加齢や認知症による認知機能の不具合を、より早く、より確実に捉え、対策を提案し「高齢者の安全な運転」「高齢運転者の活性化」に寄与することを目的として活動している。

STAFF

イラスト	ちしまこうのすけ
編集協力	千葉裕太（スタジオダンク）、内藤真左子
デザイン	竹中もも子（スタジオダンク）

長く乗り続けるための
クルマ 運転テクニック図解

2019 年 2 月 27 日　初版発行

監　修　NPO 法人 高齢者安全運転支援研究会
発行者　今井 健
発　行　株式会社大泉書店
〒 162-0805 東京都新宿区矢来町 27
TEL：03-3260-4001（代）　FAX：03-3260-4074
振替　00140-7-1742
印刷・製本　株式会社シナノ

URL http://www.oizumishoten.co.jp/
ISBN 978-4-278-06024-9　C0076

落丁、乱丁本は小社にてお取替えいたします。
本書の内容についてのご質問は、ハガキまたは FAX にてお願いいたします。